재료 하나,

처음
요리

재료 하나,
처음 요리

김현숙 지음

RHK
알에이치코리아

Prologue

내 요리 철학은
끝없는 배움을 통한
즐거움과 행복입니다

저는 어려서부터 음식과 요리하는 데 남다른 관심과 애정이 있었어요. 결혼 후에는 시부모님과 남편, 아이 둘의 건강을 책임지는 요리로 하루를 시작해 생활의 대부분을 주방에서 보내는 평범한 가정주부였지요. 이런 제가 이제는 정성 듬뿍 든 맛있는 음식 만드는 방법을 많은 이들에게 가르치는 일을 하다 보니 정말 큰 보람과 행복을 느낍니다.

신혼 시절 가정이라는 틀 안에서 열심히 맛난 음식을 만들며 손에 물이 마를 날 없이 사는 생활이 신나고 즐거웠어요. 또한 제 전공이 미술인 터라 동네에서 아이들에게 그림을 가르치기도 했지요. 그러다가 큰아이가 초등학교에 입학하면서 아이를 돌보는 데 집중하고 싶어서 일을 그만두었어요. 그런데 막상 작은아이마저 유치원에 보내고 나니 오전 시간에 무언가 나를 위한 배움을 가져야겠다고 생각했어요. 그때 문득 제가 좋아하는 요리를 본격적으로 배워보면 어떨까 싶어 가정요리교실을 찾게 되었고 이후로 진정한 요리의 무궁한 다양성과 신세계를 알게 되었지요. 이 일을 제 평생의 직업으로 삼으면 정말 보람되고 자신 있게 잘할 수 있겠다는 생각에 유명 요리 선생님들을 찾아다니며 요리를 배우기 시작했어요. 하나를 배워오면 밤을 지새우며 여러 레시피를 비교하고 연습하다 보니 저만의 레시피를 갖게 되는 순간을 맛보았지요. 제가 무언가에 그토록 열중할 수 있다는 사실에 나 스스로도 무척이나 놀라곤 했어요. 하나하나씩 식재료에 대해 배우고 사랑하는 이들을 위해 음식을 만들어 나누는 순간이 얼마나 행복하고 즐거웠는지 몰라요. 10여 년을 그렇게 요리의 세계에 푹 빠져 살았답니다.

요리를 배우던 입장에서 벗어나 직접 쿠킹 클래스를 시작하니 무척 설렜습니다. 가르치는 일이 처음인데도 회원 분들의 반응이 좋아 자신감도 얻었고요. 그러다 조금 더 전문적인 수업 공간이 필요하다는 생각에 판교에 '행복한 요리쌤의 쿡앤쿠킹 cook&cooking'이라는 쿠킹 클래스를 열었어요. 아직 부족함이 많고 넓지 않은 공간이지만 요리가 주는 즐거움과 행복을 전하다 보니 오시는 분들 모두 따뜻한 요리쌤의 마음이 제대로 느껴지는 수업이라며 즐거워하시는 덕분에 좋은 인연도 맺게 되었지요. 저 또한 쿠킹 클래스 회원 덕분에 한 걸음씩 발전을 거듭할 수 있었답니다.

〈처음 요리〉를 만들면서 그간 요리에 열정을 쏟아온 시간들이 새록새록 떠올랐습니다. 요리를 배우는 과정, 그리고 그 과정을 통해 느꼈던 재미와 깨달음을 모두 이 책에 담았어요. 각각의 식재료를 가지고 최상의 맛을 낼 수 있는 저만의 비밀 레시피도 과감히 공개했답니다. 집들이나 손님 초대 상에 올리면 식탁이 풍성해지는 근사한 고기 요리, 시부모님께 인정받을 수 있는 담백한 해물 요리와 샐러드, 남편을 위한 비장의 레시피도 있어요. 남편과 부부싸움을 했다면 매콤한 요리와 술 한잔으로 자연스럽게 화해를 시도해보세요.

우리 주변에 흔한 재료로 만든 한식 레시피를 담은 〈처음 요리〉가 새내기 주부는 물론 요리를 사랑하는 많은 이들의 주방에서 오랫동안 사랑받으면 참 좋을 듯합니다. 마지막으로, 제가 하고 싶은 일을 마음껏 할 수 있게 아낌없이 지원하고 지켜봐준 남편에게 고맙다는 말을 전하고 싶어요. 또 많은 도움을 준 은정·진아·나영 선생님과 청일점 철원 씨에게도 감사의 마음을 전합니다.

Contents

Basic.

요리하기 전, 알아두어야 할 것

1 주방 살림 장만하기 ·················· 014
2 식재료 바로 알기 ·················· 020
3 맛국물 내기 ·················· 024
4 조리의 기본 배우기 ·················· 027

Part 01.

한식의 기본

1 밥 짓기 ·················· 034
　현미밥 ·················· 034
　쌀밥 ·················· 036
　렌틸콩밥 ·················· 037
　오곡밥 ·················· 038
2 나물·전 ·················· 040
　도라지나물 ·················· 040
　고사리나물 ·················· 042
　숙주나물 ·················· 043
　시금치나물 ·················· 044
　생선전 ·················· 045
　버섯전 ·················· 046
　깻잎소고기전 ·················· 048
　동그랑땡 ·················· 050
　산적꼬치 ·················· 052
3 김치 ·················· 054
　알배추겉절이 ·················· 054
　홍시깍두기 ·················· 056
　파김치 ·················· 058
　배추김치 ·················· 060
　열무물김치 ·················· 062
　고추씨백김치 ·················· 064
　여름 동치미 ·················· 066

Part 02.
고 기 와   해 산 물

1 돼지고기	070
애호박돼지고기찌개	072
매운 돼지갈비찜	074
등갈비김치찜	076
마늘양파삼겹살볶음	077
된장소스 목살구이	078
유자향정살조림	080
삼겹살청양소스무침	081
돈가스	082
다진돼지고기덮밥	084
찹쌀탕수육	086
돼지고기수육세트	088
2 소고기	090
소고기뭇국	092
버섯육개장	094
차돌박이된장찌개	096
버섯불고기	097
소고기낙지전골	098
영양갈비찜	100
소고기애느타리장조림	102
바싹불고기	104
소고기꽈리고추볶음	106
육전	107
불고기샐러드	108
아롱사태냉채	110
옛날잡채	112
양지쌀국수	114
떡갈비	116
3 닭고기	118
닭한마리	120
찹쌀누룽지백숙	122
닭고기덮밥	124
치킨데리야키	126
닭강정	127
닭봉오븐구이	128
수삼닭가슴살냉채	129
닭꼬치구이	130
안동찜닭	132
닭갈비	134
기스면	136
닭매운탕	138
4 오징어	140
오징어뭇국	142
물오징어조림	144
오징어양파초무침	145
오징어장똑똑이	146
통오징어깻잎조림	147
매운오징어우동볶음	148
실오징어채볶음	150
오징어채아몬드조림	151
오징어깐풍기	152
오징어파전	154
오징어채꼬마주먹밥	156
5 조개·전복	158
조갯살무밥	160
바지락칼국수	162
모시조개된장국	164
조개탕	165
모시조개청주찜	166
꼬막무침	167
초고추장소스대합소면	168
미나리조개무침	170

Contents

Part 02.
고 기 와   해 산 물

조갯살매생이전 172
전복밥 174
전복조림 176

6 삼치·고등어·갈치 178
고등어김치찜 180
고등어시래기조림 182
고등어숙주볶음 184
고등어소금구이 186
삼치마요네즈구이 187
삼치풋고추조림 188
삼치강정 190
갈치무조림 192
갈치간장구이 194

7 멸치 196
멸치국수 198
호두멸치매운조림 200
깻잎멸치조림 201
멸치고추장볶음 202
잔멸치볶음 203
멸치어묵볶음 204
멸치김밥 206
잔멸치주먹밥 208
멸치샐러드 209

8 북어·황태 210
황태조림 212
황탯국 214
황태채무침 215
북어찜 216
북어양념구이 217
북어죽 218
황태떡국 220

9 미역·김 222
미역조갯살무침 224
미역국 226
미역줄기볶음 227
미역냉국 228
미역감잣국 229
미역팽이버섯초무침 230
미역전 231
김무침 232
김자반 233
김마키 234

10 새우 236
녹차새우볶음밥 238
새우냉채 240
새우장 242
새우톳샐러드 244
건새우마늘고추장볶음 245
레몬소스새우튀김 246
새우숙주볶음 248
대하오븐구이 250
보리새우볶음 251

Part 03.

채 소

1 콩나물		254
콩나물김칫국		256
콩나물냉국		258
김치콩나물밥		260
콩나물국밥		262
콩나물비빔밥		264
콩나물무침		266
매운콩나물무침		267
콩나물미나리초무침		268
콩나물다시마냉채		270
콩나물잡채		272
2 연근·우엉		274
연근전		276
연근스테이크		278
연근우엉칩		280
연근조림		281
연근우엉솥밥		282
우엉들깨조림		283
연근우엉튀김과 고추장소스		284
우엉채표고버섯볶음		286
우엉잡채		288
우엉장아찌		290
3 무		292
무생채		294
냉면집 무생채		295
시래기무밥		296
무나물		298
무조림		300
쌈무		301
무말랭이진미채무침		302
무파채샐러드		304
4 고추·파프리카		306
꽈리고추찜		308
고추튀김		310
고추물김치		312
고추전		314
꽈리고추마늘볶음		316
고추보리된장무침		317
고추오징어채김밥		318
5 오이		320
오이냉국		322
오이송송이		323
오이소박이		324
오이묵무침		326
오이쑥갓겉절이		328
오이나물		329
오이간장장아찌무침		330
오이맛살마요네즈무침		332
오이고추냉이절임		334
오이지오니기리		336
6 감자		338
차돌박이감잣국		340
우거지돼지감자탕		342
하얀감자조림		344
명란감자치즈구이		346
허브오일감자구이		348
감자채볶음		350
알감자조림		352
감자채전		353
감자고추장조림		354
올리브감자샐러드		356
햇감자크로켓		358

Contents

Part 03.

채 소

7 시금치 ································· 360
시금치새우볶음 ························· 362
시금치된장국 ··························· 364
시금치겉절이 ··························· 365
시금치양송이샐러드 ··················· 366
시금치주먹밥 ··························· 368
시금치된장무침 ························· 369
매운시금치덮밥 ························· 370
시금치유부초밥 ························· 372

8 양배추·배추 ······················· 374
배추전 ································· 376
배추속대된장국 ························· 378
유자청배추절임 ························· 380
매운배추볶음 ··························· 381
배추파프리카김치 ······················· 382
양배추된장국 ··························· 384
양배추돼지고기간장볶음 ················· 385
양배추찜과 참치볶음 ··················· 386
춘장양배추볶음덮밥 ····················· 388
양배추깻잎피클 ························· 390
양배추샐러드 ··························· 391

9 버섯 ······························· 392
버섯들깨탕 ····························· 394
버섯매운탕 ····························· 396
모둠버섯밥 ····························· 398
느타리영양부추무침 ····················· 400
버섯초무침 ····························· 402
양송이조림 ····························· 404
모둠버섯주물럭 ························· 406
버섯파프리카샐러드 ····················· 408
느타리버섯나물 ························· 409

팽이버섯깻잎전 ························· 410
표고버섯탕수 ··························· 412

10 가지 ······························· 414
가지냉국 ······························· 416
가지구이무침 ··························· 417
가지찜 ································· 418
통가지구이와 으깬 두부 ················· 419
가지볶음 ······························· 420
마른가지소고기볶음 ····················· 422
통가지아스파라거스샐러드 ··············· 424

11 브로콜리 ··························· 426
브로콜리미소양념무침 ··················· 428
브로콜리전 ····························· 430
브로콜리피클 ··························· 431
브로콜리마늘소스샐러드 ················· 432
브로콜리대파볶음밥 ····················· 434
브로콜리튀김 ··························· 436
브로콜리초무침 ························· 438
브로콜리마늘볶음 ······················· 439

Part 04.
늘 집에 있는 시판 식재료

1 두부 442
해물순두부찌개 444
두부국수 446
매운두부구이 448
두부명란조림 450
된장마파두부 452
두부덮밥 454
두부김밥 456
구운두부아보카도볶음 458
두부콩전 460
두부김치 462
두부소스콩샐러드 464
두붓국 466
연두부나토샐러드 467

2 어묵 468
매운해물어묵탕 470
어묵국 472
매운어묵조림 473
어묵파프리카볶음 474
병아리콩어묵조림 476
어묵덮밥 478
어묵떡잡채 480
어묵콩나물찜 482

3 참치 통조림 484
참치주먹밥 486
참치김치찌개 488
참치채소볶음밥 489
참치동그랑땡 490
참치매운덮밥 492
양파참치무침 494
참치양상추샐러드 495

4 달걀 496
해물달걀탕 498
일식달걀찜 500
달걀현미밥 502
달걀볶음밥 504
달걀말이 505
소시지달걀말이 506
메추리알호두조림 507
달걀시금치오믈렛 509

Bonus.
초보 주부들의 요리 궁금증을 해결해요

요리 고수로 거듭나게 해주는 고수의 팁 510

Basic

요리하기 전, 알아두어야 할 것

RECIPES FOR BASIC

주방 살림 장만하기
식재료 바로 알기
맛국물 내기
조리의 기본 배우기

음식은 맛있게 만드는 것도 중요하지만 그러기 위해서는 주방에 필요한 조리 도구와 음식을 담는
식기 또한 중요하지요. 어떤 요리를 어디에 담아내느냐에 따라 전혀 다른 요리가 탄생하니까요.
베이식 파트에서는 음식을 만드는 데 가장 기본인 갖가지 주방용품과 식기의 특징 및 선택 요령을 알려드려요.

음식을 만들면서 늘 느끼는 거지만 신선한 식재료만큼이나 중요한 것이 바로 기본양념이지요.
단맛, 짠맛, 신맛, 매운맛이 어떻게 조화를 이루느냐에 따라 맛이 좌우되는 만큼 갖가지 양념의 특징을
알아두면 어디에 맛의 포인트를 주고 어떻게 깊은 맛을 낼 수 있는지 알게 돼요. 그래서 요리에 쓰이는
기본양념의 특징과 종류를 자세히 설명했어요. 또 이런저런 음식을 만들 때 요긴한 맛국물을 내는 방법과
조리의 기본인 계량법, 불 조절과 식품을 보관할 때 없어서는 안 될 냉장고 활용법까지 자세히 소개합니다.

1.

주방 살림 장만하기

주방에 없어서는 안 될
꼭 필요한 도구부터
하나쯤 갖춰두면
요긴하게 쓸 수 있는
도구까지 한자리에 모았어요.

커 트 러 리 · 식 기 · 컵

01

디너 포크 메인 요리를 먹을 때 쓰는 포크예요.
디너 나이프 메인 요리를 먹을 때 쓰는 나이프
로 칼날이 톱니 모양으로 되어 있어요. **테이블
스푼** 밥, 국, 찌개 등 메인 요리를 먹을 때 사용
하는 스푼이에요.

02

디저트 포크 메인 포크보다 크기가 작으며 디
저트를 먹을 때 쓰는 포크예요. **디저트 나이프**
샐러드나 케이크 등 디저트를 먹을 때 쓰는 나
이프예요.

03

디저트 스푼 아이스크림이나 셔벗 등 디저트를
먹을 때 사용하는 스푼이에요. **커피 스푼** 티
스푼이라고도 하며 차를 마실 때 쓰는 스푼이
에요. **모카 스푼** 티스푼보다 작은 크기로 에스

프레소를 마실 때 써요. 음식을 먹을 때 소스
를 덜어내는 용도로 써도 좋아요.

04

서버 음식을 덜어 개인 접시로 옮길 때 쓰는 거
예요. 하나쯤 있으면 손님 초대 상에서 사용하
기 편리해요.

05

젓가락 스테인리스 소재로 길이 25cm 정도가
사용하기 좋아요.

06

뚝배기 게르마늄 소재로 2~3가지 사이즈를
갖춰두면 큰 것은 전골용, 중간 사이즈는 찌개
용, 작은 것은 달걀찜용으로 딱 좋아요.

07
밥그릇 도자기 소재로 지름 10cm 정도예요. 겹쳐둘 수 있어 보관과 세척이 편리해요. **국그릇** 밥그릇과 같은 소재로 지름 15cm 정도가 적당해요. 밥그릇보다 넓고 위로 퍼진 디자인이 쓰기 좋아요.

08
면기 지름 20cm 정도의 조금 큰 그릇이에요. 윗면이 퍼져 있어 면이나 비빔밥 같은 단품 요리를 담기 적당해요.

09
접시 지름 25cm, 15cm 크기 정도를 기본으로 갖춰두고 음식 분량에 따라 사용하면 돼요.

10
찬기 지름 10~15cm 정도의 3가지 사이즈를 갖춰두면 실용적이에요. 모양이든 색상이든 통일해서 구입하는 것이 좋아요.

11
종지 간장이나 소금 등을 따로 낼 때 쓰는 지름 8~10cm 정도의 작은 그릇이에요.

12
와인잔 와인잔은 입술이 닿는 부분(Lip)과 손으로 잡는 부분(Stem)을 고려해 고르세요. 립 부분은 볼(Bowl)보다 둘레가 좁아서 와인 향이 잔 속에 오래 보존되는 것이 좋아요. 스템 부분은 길이가 길어서 손으로 잡았을 때 체온이 와인에 전달되지 않아야 해요. 이 두 가지를 고려해 구입하세요.

13
커피잔 받침이 딸린 조금 화려한 것과 모던한 것 두 가지 디자인을 사두면 분위기에 따라 사용하기 좋아요. **머그잔** 얇고 손으로 잡는 그립 감이 좋은 것을 고르세요. **유리컵** 길이 20cm 정도가 적당한데 주스, 맥주, 아이스커피 등을 마실 때 사용해요. 투명한 유리 소재는 시원한 느낌을 주어 여름에 물컵으로 쓰기 좋아요.

14
유리 저그 주스 등을 덜어 내거나 개인용 컵으로 사용하기 좋아요. 유리 두께가 얇은 것보다는 손잡이가 있고 두툼한 것으로 500㎖, 1000㎖ 사이즈를 갖춰두면 편리해요.

칼

01

식칼 스테인리스 소재로 20cm 길이가 쓰기 무난해요. 칼날에 홈이 있으면 음식을 썰 때 달라붙지 않는답니다. 칼을 들었을 때 약간 묵직한 느낌이 들고 좌우의 균형감이 잘 맞으면서 손잡이가 단단한 것이 좋아요.

02

과일 전용 칼 칼끝이 뾰족하지 않고 손잡이가 가벼우며 길이 20cm 내외가 좋아요. 보관용 칼집이 있으며 더 편리해요.

03

스프레더 빵에 버터나 잼을 바를 때 사용하는 거예요. 바르는 면이 좁은 것과 넓은 것 두 종류를 갖춰두면 좋아요.

04

빵칼 빵이나 케이크를 자를 때도 좋지만 김밥을 썰 때도 편리해요. 길이는 30cm 이상이 적당해요.

냄비와 프라이팬

01

스테인리스 냄비 스테인리스 소재 냄비는 음식 고유의 맛과 향을 잘 살려줘요. 특히 샐러드마스터의 스테인리스 냄비는 316 티타늄 소재로 인공뼈 제조에 사용될 정도로 단단하고 조밀한 재질이라 음식물이 스며들지 않아 요리에 잡냄새가 없어요. 또한 영양소 파괴가 적은 저온·저수분· 저압·저유·저염·저당 등 6저 요리가 가능해요. 뚜껑과 본체가 밀착되어 반진공 상태가 유지되기 때문에 수분과 열이 빠져나가지 않아 재료 본연의 맛을 최상으로 살릴 수 있지요.

02

스테인리스 웍 또는 궁중팬 볶음이나 찜 요리에 사용해요.

03

스테인리스 팬 세트 스테인리스 팬은 코팅 팬에 비해 사용이 어렵다고 알려져 있지만 미리 약불에 예열만 하면 재료가 눌어붙지 않고 건강한 볶음과 부침 요리를 만들 수 있어요. 사이즈는 대(30cm), 중(22cm), 소(15cm) 정도로 갖춰놓고 요리에 맞게 쓰면 돼요.

04

달걀말이 팬 달걀말이를 만들 때 모양을 잡기 좀 더 쉬운 팬이에요. 표면이 올록볼록하게 처리된 것이 더 편리해요.

샐러드마스터 가족에게 건강한 음식을 먹이고픈 주부들이 욕심내는 조리 도구 브랜드인 '샐러드마스터'. 샐러드마스터의 요리 시스템은 식품의 영양 손실을 최소화한 6가지 조리법(저수분 · 저염 · 저당 · 저온 · 저유 · 저압)으로 음식의 풍부한 맛과 영양을 지켜줍니다. 또한 316Ti 솔루션 시스템은 그 어떤 제품보다 뛰어난 최고의 전문성을 선사합니다. 샐러드마스터에서는 건강 요리에 관심 있는 분들을 위해 무료 요리 시연회도 진행하고 있습니다.

샐러드마스터 샐마지사
(서울시 반포구 서래마을)
TEL 02-3445-0040,
WEB www.cafe.naver/saladmaster

유용한 도구

01

스테인리스 볼 세트 샐러드를 버무리거나 재료를 양념에 재울 때 사용해요.

02

알루미늄 바트 세트 뜨거운 재료를 담거나 재료를 손질해 담아둘 때 요긴해요.

03

계량컵 세트 & 500㎖ 컵 1컵이 200cc로 분량별로 나뉜 컵 세트를 갖춰두면 좋아요. 500㎖ 컵은 많은 양을 계량할 때 편리해요.

04

뒤집개 전이나 생선구이를 만들 때 뒤집는 용도로 써요. 실리콘 소재를 고르면 프라이팬에 흠집이 나지 않아요.

05

튀김 집게 망과 집게가 같이 있어 튀김을 건질 때 편리해요.

06

전자저울 재료의 양을 정확하게 계량할 수 있어요.

07

스테인리스 건지개 구멍이 있어 건더기를 건질 때 좋아요. 뒤집개 대용으로 써도 돼요.

08

계량스푼 옴폭하게 파인 것을 사용해야 계량이 정확해요.

09

실리콘 볶음용 주걱 조리할 때 쉽게 뜨거워지는 스테인리스 소재보다는 손잡이까지 실리콘으로 된 일자 모양 주걱이 좋아요. 사이즈가 작은 실리콘 주걱을 하나 더 갖춰두면 작은 볼에 담긴 양념을 깨끗이 긁어낼 때 편리해요.

10

진공 밀폐용기 공기 접촉을 최소화해 김치나 음식 재료를 신선하고 오랫동안 보관할 수 있는 밀폐용기예요. 통 중간에 누름판이 있는데 장아찌와 오이지를 담고 누름판을 눌러두면 숙성이 잘되고 무르지 않아 좋아요.

11

나무 밀대 반죽을 얇게 밀거나 두드릴 때 써요. 밀대 굵기가 일정한 것을 고르세요.

12

고기 망치 고기를 부드럽게 만들고 양념이 잘 배게 해요.

13

독일 베르너 채칼 세트 고운 채, 중간 채, 굵은 채, 편 슬라이스를 할 때 용도에 맞게 끼워 사용해요.

14

실리콘 솔 소스를 바를 때 편리해요. 솔이 실리콘 소재라 빠질 염려가 없고 음식이 달라붙지 않아 씻고 말리기 좋아요.

15

치즈 글라인더 샐러드나 피자에 파르메산, 그라나파다노 치즈를 갈아 넣을 때 쓰는 거예요.

16

타이머 음식을 만들 때 시간을 맞춰두면 깜박해서 태워 먹을 염려도 없고, 다른 일을 해도 마음이 놓여요.

17

스테인리스 채반 구멍이 성근 것과 촘촘한 것 두 가지를 갖춰두면 편리해요.

18

도마 나무 도마는 플라스틱 소재에 비해 음식의 색이 잘 물들지 않고 칼날도 잘 상하지 않아요. 육류용, 어패류용, 채소용으로 구분해 사용하는 것이 좋아요.

2.

식재료 바로 알기

간의 기본이 되는 소금부터
국·찌개의 필수인 장류, 잡냄새를
잡아주는 맛술과 다양한
기름까지 어떤 양념이 어떤
요리에 자주 쓰이는지 알아봐요.
요리의 기본양념을 마스터하면
요리가 한결 쉽답니다.

소금 음식의 간을 맞출 때 자주 써요. 김치나 된장, 간장을 담글 때, 생선을 절이거나 젓갈을 만들 때는 굵은소금(천일염)을 쓰고, 음식에 간을 할 때는 고운 자염을 사용해요. 국물 요리의 마무리 간을 할 때는 굵은소금을 넣는 것이 좋아요.

설탕 음식의 단맛과 윤기를 내주고 짠맛을 중화시켜요. 종류는 백설탕, 황설탕, 흑설탕이 있지요.

진간장 가공한 개량식 간장으로 간을 맞출 때 주로 쓰는 기본양념이에요. 색이 진하며 짠맛, 단맛, 감칠맛 등이 느껴지는 혼합간장이지요.

국간장 집에서 메주를 발효 숙성시켜 담근 재래식 간장으로 '집간장', '조선간장'이라고도 해요. 국이나 찌개의 간을 맞출 때나 나물을 무칠 때, 고기를 재울 때 넣으면 맛이 깔끔하죠. 진간장보다 색이 연하고 짠맛이 강해요.

양조간장 미생물로 대두와 밀 등을 발효시킨 뒤 소금물을 섞어 6개월 이상 숙성시킨 자연 간장이에요. 생선 등 각종 조림에 쓰기 좋아요.

고추장 맵고 얼큰한 맛이 특징으로 음식의 비린내를 없애주며 매콤한 볶음요리나 떡볶이를 만들 때 필수 양념으로 쓰이죠.

된장 구수한 맛이 특징인 된장은 흙빛이 나는 토장과 되직한 느낌의 된장이 있어요. 쌈장을 만들거나 돼지고기의 누린내를 없앨 때, 나물을 무칠 때 쓰여요.

청국장 푹 삶은 콩을 더운 방에서 납두균이 생기도록 띄워 만든 된장이에요. 특유의 냄새가 나지만 김치와 채소를 넣고 끓이면 구수한 청국장찌개를 즐길 수 있어요.

고춧가루 칼칼한 매운맛을 내는 대표적인 양념으로 매운 국이나 찌개, 김치 등을 만들 때 주로 쓰여요. 붉은색이 식욕을 돋우고 고기와 생선의 비린내를 없애줘요.

식초 재료와 산도에 따라 종류가 다양해요. 일반적으로 많이 쓰는 식초는 양조식초와 사과식초인데 산도가 6~7% 정도로 신맛이 다소 강해요.

통깨 깨끗하게 여러 번 씻은 뒤 볶아서 쓰는데 고소한 맛과 향을 내요. 종류는 흰깨와 검은깨가 있어요. 베이지색을 띠는 흰깨는 일반적인 요리에 자주 사용하고, 검은깨는 요리에 뿌리면 장식 효과도 있지요.

참기름 참깨를 압착해 얻은 기름으로 고소한 맛과 향이 풍부해요. 밝은 갈색의 황금빛을 띠는 게 좋은 거예요. 열에 의해 맛과 향이 날아가니 조리할 때 마지막에 넣으세요.

들기름 오메가3지방산이 풍부한 들기름은 나물을 볶거나 무칠 때 넣으면 섬유질을 부드럽게 해주며, 독특한 향으로 나물의 맛과 향을 더욱 살려줘요.

tip. 전을 부칠 때 포도씨유와 들기름을 섞어서 쓰면 맛이 더욱 고소해져요. 단, 들기름은 변질되기 쉬우니 냉장고에 넣어두고 사용하세요.

포도씨유 노화 방지에 탁월한 비타민 E가 풍부하고 향이 강하지 않은 포도씨유는 한식에 잘 어울리는 기름이에요. 쉽게 타거나 눌어붙지 않아 볶음이나 구이, 샐러드소스 등 다양한 요리에 사용해요.

올리브유 일반 식용유로 쓰기에는 향이 강하고 발열점이 낮아요. 그래서 센 불로 조리하는 요리보다 높지 않은 온도에서 재료를 볶는 파스타를 만들 때나 빵을 찍어 먹을 때, 샐러드드레싱에 사용하는 것이 좋아요.

맛술 찹쌀에 소주와 누룩을 넣어 만든 단맛이 나는 요리용 술이에요. 알코올 도수가 낮고 단맛이 강해 음식의 잡내를 잡아주고 감칠맛을 낼 때 사용해요.

청주 맑게 거른 술로 '정종'이라고도 하는데 맛과 향이 깨끗해 고기의 누린내나 생선의 비린내를 잡아주지요. 고기를 청주로 밑간하면 육질이 연해져요.

생강술 생강과 청주를 1:2 비율로 섞어 만든 술이에요. 비린내를 잡아줘 생선 요리와 고기 밑간을 할 때 자주 써요.

맛즙 배와 무의 즙을 1:1 비율로 섞은 거예요. 고기 요리의 잡내를 없애거나 김치 담글 때, 음식에 깊은 맛을 더할 때 넣으면 좋아요.

올리고당 다른 당류에 비해 칼로리와 혈당 상승 지수는 낮지만 당도가 높은 편이라 요리에 활용하기 좋아요. 윤기를 내야 하는 조림보다는 다 조린 뒤 불을 끄고 마지막에 넣으세요.

물엿 물엿은 조청에 비해 묽어 따라 쓰기 편해요. 요리 마지막에 넣으면 광택이 살고 깔끔한 단맛을 더해주지요.

꿀 꽃의 꿀샘에서 벌이 채집한 꿀은 꽃 종류에 따라 색과 맛이 달라요. 설탕에 비해 영양가가 높으며 단맛이 부드럽고 향이 좋지요. 된장찌개를 끓일 때 마지막에 한 방울 떨어뜨리면 떫은맛을 잡아줘요. 조림이나 볶음 요리를 할 때 설탕 대신 꿀을 넣으면 좀 더 윤기가 나지요.

매실액 신맛이 특징인 매실은 음식의 맛을 풍부하게 해주는 역할을 해요. 김치를 담글 때 설탕 대신 매실액을 넣으면 발효가 더디어 김치가 시는 것을 늦춰주고 깊은 단맛을 내줘요.

연겨자 부드러운 연겨자는 알싸한 매운맛으로 코끝이 찡해지는 해산물 냉채를 만들 때 주로 사용해요.

후추 맵고 향기로운 독특한 풍미를 지닌 후추는 고기나 생선을 재울 때 사용하면 누린내와 비린내를 없애줘요. 시판 후춧가루보다는 통후추를 직접 갈아 넣으면 훨씬 맛있어요.

고추냉이 초밥 이외에 여러 요리에 넣으면 특유의 톡 쏘는 맛으로 음식의 독특한 맛을 살려줘요. 시판 제품 중에 고추냉이를 직접 갈아 튜브에 넣은 제품과 가루 제품이 있어요.

참치액젓 참치를 훈연 발효시킨 것으로 참치의 맛과 향이 풍부해요. 해산물이나 생선, 고기를 이용한 국이나 조림 등에 쓰고, 국수나 우동의 장국을 끓일 때 마지막에 넣으면 맛이 좋아져요.

까나리액젓 멸치액젓보다 깔끔하고 비린 맛이 덜해요. 김치를 담글 때나 생채무침에 넣고 국이나 찌개의 간을 맞출 때 국간장 대신 사용하기도 해요.

멸치액젓 김치 담글 때 빠지지 않는 양념으로 멸치를 발효 숙성시켜 달인 뒤 걸러낸 맑은 젓갈이에요. 멸치액젓으로 김치를 담그거나 국이나 찌개에 국간장 대신 넣으면 깊은 감칠맛이 돌아 더욱 맛있어요.

새우젓 생새우를 소금에 절여 삭힌 것으로 씹을수록 고소한 맛이 나요. 김치 양념으로 쓰이며, 소금 대신 국이나 찌개의 간을 맞추면 개운한 맛을 낼 수 있어요.

토마토케첩 간 토마토의 씨를 걸러내고 조린 뒤 설탕, 소금, 후춧가루, 식초 등 향신료로 조미한 것으로 파스타, 햄버거, 오믈렛, 감자튀김 등을 먹을 때 곁들여요.

마요네즈 식용유, 식초, 달걀을 주재료로 만든 드레싱으로 샐러드에 자주 사용해요. 직접 만들어 쓰면 더 고소한 맛을 즐길 수 있어요.

머스터드 서양 겨자라 불리는 머스터드는 고기 요리나 소시지에 곁들이면 느끼한 맛을 덜어줘요.

양파 매운맛이 특징이지만 기름에 볶으면 단맛과 독특한 향이 식욕을 돋워줘요. 다른 재료와 볶기도 하고 즙을 내어 잡냄새와 생선 비린내를 잡을 때 사용해요.

고추 캡사이신이 매운맛을 내는 향신료로 비린내를 제거하는 효과가 있어 생선 조림이나 얼큰한 찌개나 국물 요리에 넣어요. 표면이 짙은 녹색일수록 햇빛을 많이 보고 자라 영양이 풍부하고 싱싱해요. 끝이 둥근 것의 맛이 좀 더 부드러워요.

마늘 매운맛과 향을 지닌 향신료로 모든 음식에 쓰여요. 김치를 담글 때는 물론 생선과 고기의 누린내나 비린내를 제거하는 효과가 뛰어나 한식 요리에 빠지지 않지요.

생강 특유의 향과 매운맛을 지닌 향신료로 생선 비린내 제거에 매우 효과적이에요. 살균 작용이 있어 장어 요리나 생선회에 곁들여 먹으면 좋아요.

대파 매운맛과 특유의 향이 음식의 잡내를 없애주고 맛을 좋게 해요. 잘게 다지거나 썰수록 매운맛이 강해진답니다.

국 물 용 재 료

다시마 지나치게 검거나 황색을 띠면 단맛이 없어요. 두툼하고 바다 냄새가 확 풍기며 바짝 마른 것이 좋은 거예요. 잘 마른 다시마에는 흰 분이 묻어 있는데 살짝 맛을 보아 단맛이 나는 것을 고르세요.

멸치 비늘이 많이 붙어 있고 윤기가 나며 구부러진 것이 좋은 멸치예요. 작은 멸치는 푸르스름하면서 흰빛을 띤 것이 좋고, 큰 멸치는 황금색 빛을 띠는 것이 맛있어요. 맛을 보았을 때 짜지 않으면서 달고 고소한 것을 고르세요.

버섯 버섯의 진균은 인체의 면역 체계를 강화시켜 박테리아와 바이러스의 감염을 막아줘요. 또 버섯에는 항산화 작용을 하는 베타글루칸이라는 다당류와 식이섬유가 풍부해 면역력을 강화시켜 암세포가 자라는 것을 막아줘요. 국물용으로 쓰이는 표고버섯은 갓이 둥글고 균열이 많은 것이 좋아요.

사태 소의 앞다리와 뒷다리의 오금에 붙은 정강이살로 양지처럼 힘줄이나 막이 많이 섞여 있어 질기지만 기름기가 적어 담백하면서도 깊은 맛이 나요. 고기의 결이 곱고 풍미가 좋은데 장시간 끓이면 육질이 연해져서 먹기 좋아지므로 육수나 국거리용으로 주로 사용하지요.

양지 앞가슴부터 복부 아래쪽에 이르는 부위로 지방과 살코기가 교차하여 풍미가 좋아요. 육질이 치밀하고 단단해서 오랜 시간 끓이면 국물이 진하게 우러나와 육수용으로 적당해요.

3.

맛국물 내기

음식의 맛을 좌우하는
중요한 요소 중 하나가 바로
맛국물이에요. 맛국물을
만들려면 시간과 정성이 많이
필요하니 한 번에 넉넉히 끓여
냉동해두고 사용하세요. 요리할
때마다 국물을 만드는 수고도
덜고 음식 맛도 좋아지고 가족
건강도 지킬 수 있답니다.

멸 치 다 시 마 국 물

재료

국물용 멸치 30g, 다시마(10×10cm) 1장, 물 10컵, 청주 1큰술

만드는 방법

1. 다시마와 멸치는 젖은 행주로 닦아요.

2. 냄비에 멸치를 넣고 약불에서 2분 정도 볶아요.

3. 여기에 다시마와 물을 넣고 3시간쯤 불린 뒤 중불에 올려요.

4. 끓기 시작하면 다시마를 건져내고 5분 정도 더 끓여요.

5. 국물을 면보에 거른 다음 청주 1큰술을 넣어 섞어요.

재료

소고기 치마양지 300g, 마늘 5쪽, 대파(흰 부분) 1대
통후추 1작은술, 물 10컵

만드는 방법

1. 소고기는 30분쯤 찬물에 담가 핏물을 빼요.

2. 냄비에 소고기, 마늘, 대파, 통후추, 물을 넣고 중불에 올려요.

3. 국물이 끓기 시작하면 중약불로 줄이고 뚜껑을 반만 덮어
   은근하게 1시간 정도 끓여요. 이때 떠오르는 거품은 걷어내세요.

4. 냄비 그대로 식힌 뒤 면보에 걸러요.

재료

닭 1마리(800g), 대파(흰 부분) 1대, 마늘 5쪽, 통후추 1작은술, 물 10컵
청주 2큰술

만드는 방법

1. 닭고기는 가위로 기름과 내장을 잘라내고 적당한 크기로 토막 내요.

2. 냄비에 닭고기와 대파, 마늘, 통후추, 물을 넣고 중불에 올려요.

3. 국물이 끓기 시작하면 중약불로 불을 줄이고 뚜껑을 반만 덮어 1시간 정도
   푹 끓여요. 떠오르는 거품은 걷어내세요.

4. 냄비 그대로 식힌 뒤 면보에 거르고 청주를 넣어 섞어요.

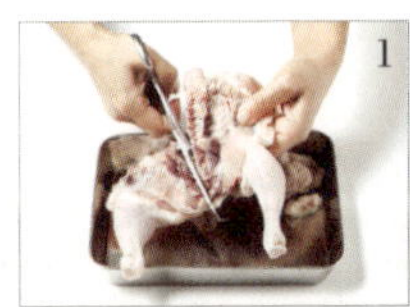

황 태 국 물

재료

황태 대가리 1개(또는 $\frac{1}{2}$마리), 다시마(10×10cm) 1장, 무 100g, 마른 새우 15g, 물 10컵, 청주 1큰술

만드는 방법

1. 황태는 젖은 행주로 닦아요.

2. 냄비에 황태 대가리와 다시마, 무, 마른 새우, 물을 넣고 중불에 올려요.

3. 국물이 끓기 시작하면 다시마를 건져내요.

4. 10분쯤 더 끓인 뒤 면보에 거르고 청주를 넣어 섞어요.

채 소 국 물

재료

무 200g, 배추 3장, 양파(중) 1개, 대파(흰 부분) 1대, 물 10컵

만드는 방법

1. 무, 배추, 양파, 대파는 큼직하게 썰어요.

2. 냄비에 1의 채소와 물을 넣고 중불에 올려요.

3. 국물이 끓어오르면 약불로 줄이고 뚜껑을 덮어 10분쯤 더 끓여요.

4. 다 식으면 면보에 걸러요.

Tip. 맛국물 보관법

각종 맛국물은 한 번에 많이 만들어 냉장 또는 냉동 보관하세요. 맛국물을 완전히 식힌 다음 일주일 안에 쓸 것은 냉장 보관하고 나머지는 얼려두면 오래 먹을 수 있어요.

식재료는 신선하게 보관되는 온도가 각기 달라서
칸마다 온도가 다른 냉장고에 보관할 때는 이 점을 고려해 넣어둬야 해요.
다양한 식품의 냉장고 속 안성맞춤 보관 방법을 정리했어요.

냉 동 실

냉동실 위 냉동실은 맨 위쪽 선반의 온도가 가장 낮아요. 자주 쓰지 않는 음식물을 납작하게
보관하세요. 지퍼백에 넣은 다진 마늘과 생강, 다진 파를 보관하면 좋아요.

냉동실 중간 문을 열면 바로 보이고 손이 쉽게 가는 위치이니 빠른 시일 내에 먹을 재료를
보관하세요. 냄새가 나지 않는 건어물, 곡물, 썰어놓은 파와 고추, 반찬, 냉동식품 등을 넣어두면
좋아요.

냉동실 아래 장기간 냉동 보관할 육류나 어패류를 깨끗하게 손질해 적당량씩 나누어 밀봉한 후
냉동실 아래 칸에 보관하세요.

냉동실 문 냉동실 내에서 온도가 가장 높고 변화가 심한 곳이니 변질될 우려가 덜한 곡물이나
고춧가루, 건어물을 보관하기 적당해요.

냉 장 실

냉장실 위 온도가 가장 낮은 냉장실 위 선반에는 어묵, 소시지, 햄, 치즈, 버터 등 유제품과
가공식품을 넣어둬요.

냉장실 중간 문을 열었을 때 내용물이 잘 보이고 손이 닿기 쉬우므로 유통기한이 짧거나 자주
먹는 음식을 넣어둬요. 자주 먹는 반찬은 찾기 쉽게 투명한 용기에 담아두세요.

냉장실 아래 안이 잘 보이지 않고 허리를 숙여야 하는 불편한 위치죠. 그러니 매일 꺼내야 하는
음식보다는 일주일에 한두 번 꺼내는 장아찌나 피클, 김치 등을 보관하세요. 자주 쓰지 않는
소스류도 좋아요. 맨 아래쪽 선반은 조리 도중 음식물을 식혀야 할 때, 샐러드 채소를 아삭하게
하기 위해 잠깐 넣어둘 때 등 언제든지 음식을 넣어둘 수 있도록 여유 공간으로 남겨두면
편리해요.

신선 채소실 채소와 과일은 온도에 민감하고 수분이 많아서 전용 채소실에 보관해야 해요. 이때
채소와 과일이 서로 포개지지 않게 넣어둬야 짓눌려 상하는 일이 없어요.

신선 맞춤실 온도 조절이 가능해 다양한 식품을 각각 최적의 온도에 맞춰 보관할 수 있어요.

냉장실 문 냉장실 문 칸은 온도 변화가 심하고 비교적 온도가 높아요. 빠른 시일 안에 먹거나 잘
상하지 않는 식품이나 물, 음료수, 소스 등을 넣어둬요.

T I P

냉동식품 해동법 냉동해둔 고기나 생선, 나물
등은 냉장실로 옮겨 서서히 해동하세요. 급하
게 조리해야 할 경우에는 상온에 꺼내 두거나
지퍼팩 그대로 찬물에 담가 녹이세요.

베란다 보관법 감자, 양
파, 무, 늙은호박 등 채소
와 과일은 아파트 뒤쪽 베
란다같이 해가 들지 않으
면서 서늘한 곳에 보관하
는 게 좋아요. 종이박스에
담아 신문지로 싸서 보관
하세요.

4.

조리의 기본 배우기

재료를 정확히 계량하는 방법과
채소 썰는 법, 불 조절은 물론
냉장고 칸칸 보관법까지 맛있는
요리를 위한 기본을 알아두세요.

계량법

음식 맛을 제대로 내는 비법은 재료와
양념의 양을 정확히 재는 것에서 시작돼요.
요리하기 전 꼭 익혀야 할 부분이 바로 정확한 계량법이죠.
어림잡아 재지 말고 계량도구를 사용하는 것이
요리의 완성도를 높여준답니다.

계량 도구

01
계량스푼 소금이나 설탕, 다진 마늘 등의 양을 잴 때 써요. 넓고 납작한 모양보다는 깊고 오목한 스푼을 사용하는 편이 더 정확해요.

02
계량컵 밀가루나 육수, 우유 등의 분량을 잴 때 사용해요.

03
계량 저울 1g 단위의 무게를 잴 수 있는 디지털 전자저울을 사용해야 보다 정확해요.

계량 단위

1C = 200cc, 200㎖
1T = 3t, 15cc, 15㎖
1t = 5cc, 5㎖
1ℓ = 1000cc, 1000㎖, 5C

계량법

04
액체 재료
참기름, 액젓, 간장, 식초 등 액체 재료를 잴 때는 물기 없는 계량스푼에 넘치지 않게 담아야 정확해요.

1큰술: 윗면이 살짝 볼록하게 가득 채워요.
½큰술: 계량스푼의 ⅔ 정도만 채워요.
1컵(200㎖): 계량컵의 윗면까지 가득 채워요.

05
가루 재료
고춧가루, 설탕, 후춧가루, 소금 등 가루의 양을 잴 때는 물기 없는 계량스푼에 듬뿍 담아 젓가락으로 윗면을 반듯하게 깎아내요.

1큰술: 윗면이 평편하게 가득 채워요.
½큰술: 계량스푼의 ⅔ 정도만 채워요.
1컵(약 200g): 한 컵 가득 채워요.

06
페이스트
된장이나 고추장, 마요네즈, 머스터드, 연겨자 등 농도가 진한 재료의 양을 잴 때는 계량스푼에 재료를 가득 뜬 다음 젓가락으로 윗면을 반듯하게 깎으세요.

불 조절

똑똑하고 실패 없이 요리하려면 불과 친해져야 해요.
볶음이나 구이, 조림, 튀김, 국물 요리 등을 맛있게 만들려면 레시피에 제시한 화력 세기를 지키세요.
그래야 재료가 지닌 맛과 향이 훨씬 좋아지고 양념과 잘 어우러져 더 맛있는 음식을 만들 수 있어요.
요즘에는 가스레인지 이외에 건강과 안전을 위해 인덕션을 많이 사용하기도 해요.

센 불
냄비 바닥 전체를 감싸는 정도의 불꽃이에요.

중간 불(중불)
냄비 바닥에 닿는 정도의 불꽃이에요.

약한 불(약불)
냄비 바닥에 닿을 듯 말 듯한 불꽃이에요.

썰기는 요리의 기본이에요.
어떻게 써느냐에 따라 재료의 익는 정도와 양념이
스미는 정도가 달라져 음식 맛이 차이가 나기 때문이죠.
음식과 재료에 따라 달라지는 다양한 기본 썰기 법을 알아두세요.

채썰기 무, 감자, 오이 등을 4~5cm 길이로 저며 썬 뒤 비스듬하게 포개어 가늘게 또는 약간 굵게 조절해서 썰어요.

돌려 깎아 채썰기 오이나 애호박을 4~5cm 길이로 자른 뒤 껍질이 끊어지지 않게 얇게 돌려 깎고 음식에 맞는 굵기로 채 썰어요.

송송 썰기 쪽파, 고추, 대파, 부추 등 가늘고 긴 채소를 동그란 모양이 살도록 써는 거예요. 재료를 적당량 겹쳐서 일정한 두께로 썰어 음식에 장식으로 올려요.

어슷썰기 오이, 우엉, 대파, 당근 등 채소의 자른 면이 넓게 써는 방법으로 면적이 넓어서 양념이 잘 배요. 조리법에 따라 반 갈라 썰기도 하고 모양을 살려 통으로 썰기도 해요. 원하는 길이만큼 각도를 조절해 썰어요.

편 썰기 마늘이나 버섯, 전복, 해삼, 소라 등 제 모양을 살려 납작납작하게 일정한 두께로 썰어요.

깍둑썰기 음식에 따라 크기를 조절해가며 정사각형으로 반듯하게 썰어요.

막대 썰기 당근, 무, 우엉 등을 원하는 길이로 잘라 1~1.5cm 두께의 막대 모양으로 썰어요.

삼각 썰기 오이, 가지, 호박 등 채소를 길이로 반 가른 다음 지그재그 삼각 모양으로 썰어요.

한입 크기 썰기 피망, 파프리카 등 채소를 사방 2~3cm 크기의 한입 크기로 썰어요.

은행잎 썰기 감자, 호박, 무, 당근 등을 도톰하게 모양을 살려 자르고 다시 4등분해 은행잎 모양으로 썰어요. 국이나 찌개, 조림, 찜 등에 적합해요.

으깨 다지기 마늘, 생강을 칼 옆면으로 눌러 으깬 뒤 칼 앞쪽을 손으로 눌러 고정하고 뒤쪽으로 곱게 다져요.

얄팍썰기 무, 감자, 당근 등 채소를 0.5cm 두께로 납작하게 썰어요.

반달썰기 호박, 오이, 당근, 가지, 무 등을 반 가르고 원하는 두께로 납작하게 썰어요.

생강즙 내기 생강을 강판에 간 다음 면보로 감싸 손으로 꼭 짜 즙을 내요.

양파 다지기 양파를 반 가르고 끝까지 잘리지 않게 칼집을 넣은 다음 칼을 옆으로 눕혀 2~3번 저민 뒤 원하는 굵기에 맞춰 썰어요.

고추씨 빼기 고추를 반 가르고 씨를 숟가락으로 긁어내요.

파 다지기 파를 4~5번 칼집을 넣은 뒤 잘게 썰어요.

01

한식의 기본

RECIPES FOR BASIC

밥 짓기
나물·전
김치

한식에서 가장 기본이 되는 것이 바로 밥 짓기라고 할 수 있지요.
우리가 맨날 먹는 밥은 어떤 재료를 첨가하느냐에 따라 다양하게
즐길 수 있어요. 밥은 쌀과 물, 불의 3중주라고 할 수 있는데요.
건강하고 맛있는 밥을 짓기 위해 쌀과 물의 양, 불 조절하는 법을
자세히 설명했어요. 쌀밥을 짓는 기본적인 물과 불 조절만 잘
익혀두면 어떤 밥이든 손쉽게 지을 수 있어요.

또한 한식에서 빠질 수 없는 것이 바로 우리 고유의 명절에 해 먹는
명절 음식이지요. 한 상 푸짐하게 차린 명절 음식은 떨어져 지내던
온 가족이 모여 먹을 때 기쁨이 배가되지만 요리를 해야 하는
입장이라면 부담스러울 수도 있어요. 하지만 한식에서 가장 기본이
되는 음식이 주를 이루기 때문에 이 또한 어렵지 않아요. 재료의
특성에 따라 간단하고 맛있게 조리하는 방법을 소개합니다.

건강을 지키는
일등공신 밥

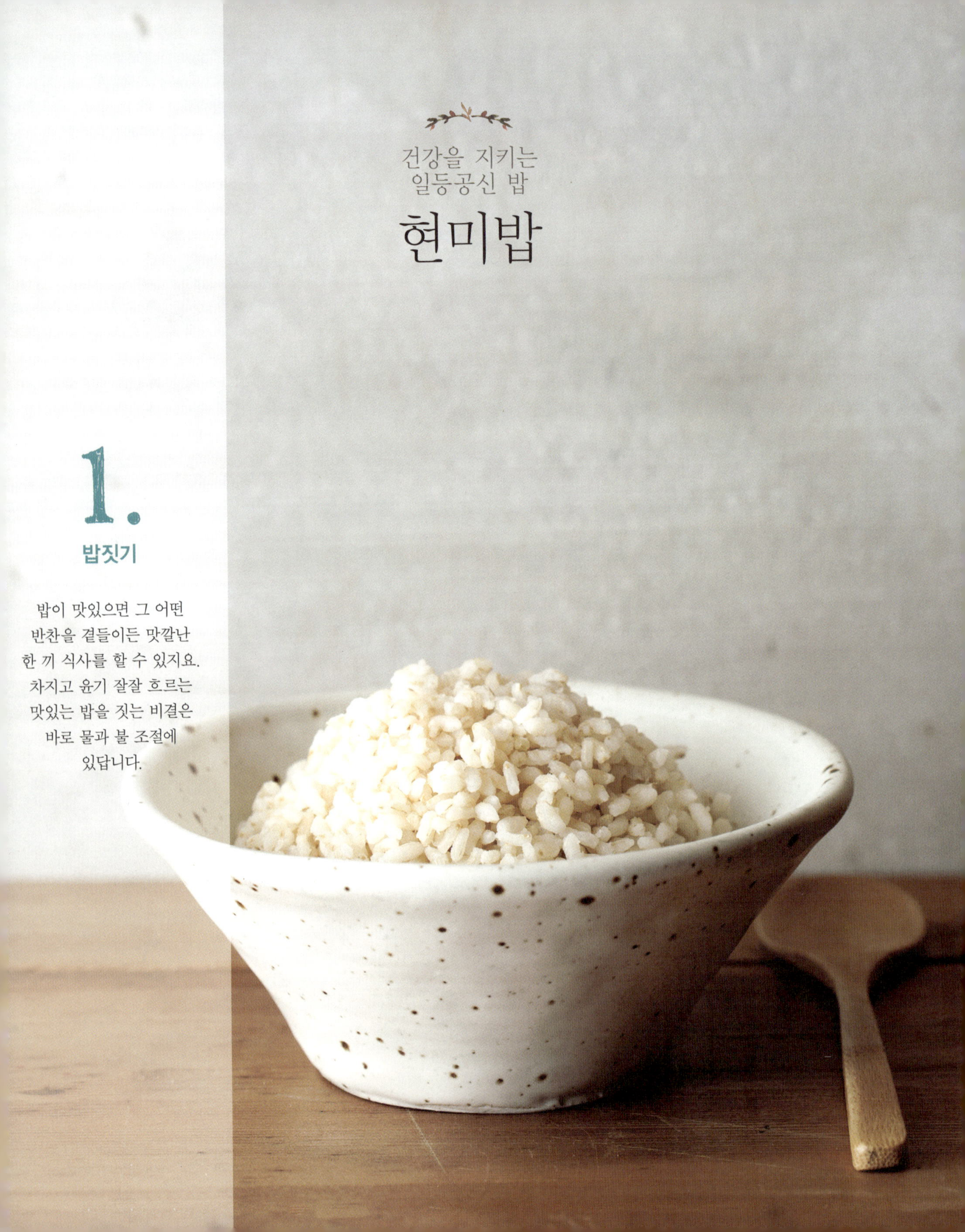

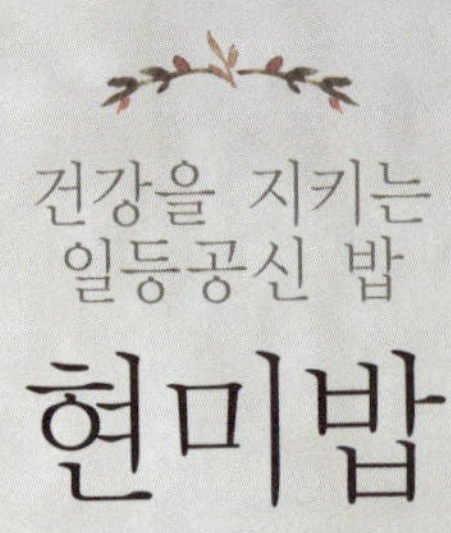

현미밥

1.

밥짓기

밥이 맛있으면 그 어떤 반찬을 곁들이든 맛깔난 한 끼 식사를 할 수 있지요. 차지고 윤기 잘잘 흐르는 맛있는 밥을 짓는 비결은 바로 물과 불 조절에 있답니다.

Recipe

현미밥

재료
물 2컵, 찰현미 1½컵

만드는 방법

1. 찰현미는 깨끗이 씻어 3시간쯤 물에 불린 뒤 체에 밭쳐 물기를 빼요.

2. 냄비에 불린 찰현미와 물을 넣고 뚜껑을 덮어 센 불에 올려 1분쯤 끓인 뒤 중불로 5분, 약불로 10분 정도 더 끓여요.

3. 불을 끄고 5분간 뜸을 들인 뒤 주걱으로 고루 섞어요.

Tip. 다 지은 밥은 주걱으로 고루 섞어 공기층을 형성해야 밥알이 살아있어요.

기본 중의 기본인 밥

쌀밥

Recipe

재료
물 1½컵, 멥쌀 1¼컵

만드는 방법

1. 멥쌀은 깨끗이 씻어 물에 30분쯤 불린 뒤 체에 받쳐요.

2. 솥에 불린 멥쌀과 물을 넣고 뚜껑을 덮어 센 불에 올려 5분 정도 끓여요.

3. 약불로 줄여 10분쯤 더 끓인 뒤 불을 끄고 5분간 뜸을 들인 다음 고루 섞어요.

Tip.
쌀은 햅쌀, 묵은쌀에 따라
불리는 시간을 달리해야 해요.
햅쌀은 30분쯤 불리고, 묵은쌀은
1시간쯤 물에 불리면 적당해요.

세계가 인정한 건강한 밥

렌틸콩밥

Recipe

Tip.
렌틸콩은 불릴 필요 없이 바로
씻어서 밥을 지어요.
오래 불리면 형태가 뭉그러지고
구수한 맛도 없고 식감도
떨어진답니다.

재료
물 1½컵, 멥쌀 1컵, 렌틸콩 ¼컵

만드는 방법

1. 멥쌀과 렌틸콩은 깨끗이 씻어 체에 밭쳐요.

2. 냄비에 불린 멥쌀과 렌틸콩, 물을 넣고 센 불로 5분, 중불로 10분, 약불로 5분
   정도 끓여요.

3. 불을 끄고 5분간 뜸을 들인 뒤 고루 섞어요.

오곡밥

Recipe

오곡밥

물 1¼컵, 찹쌀 1컵, 검은콩·팥·차조·수수·팥 삶은 물 ¼컵씩, 밤(생율) 8알
소금 ½작은술

만드는 방법

1. 찹쌀은 깨끗이 씻어 30분쯤 불린 뒤 체에 밭치고, 검은콩은 3시간 정도 물에
   담가 불려요.

2. 팥은 냄비에 넣고 잠길 정도의 물을 부어 끓으면 물을 따라 버리고 다시 물 1컵을
   부어 중불에서 20분쯤 삶아요.

3. 2를 체에 밭쳐 물과 팥을 분리해요.

4. 차조와 수수는 깨끗이 씻어 1시간쯤 물에 불려 체에 밭쳐요.

5. 냄비에 불린 찹쌀과 검은콩, 팥, 차조, 수수, 밤, 팥 삶은 물, 물을 넣고 센 불에
   올려요.

6. 5가 끓어오르면 중불로 줄여서 10분, 약불로 10분쯤 끓인 뒤 불을 끄고 10분간
   뜸을 들인 다음 고루 섞어요.

Tip. 팥을 삶을 때는 팥 분량의 10배 물을 부어야 잘 삶아져요.

쓴맛을 뺀
부드러운 식감

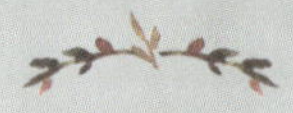

도라지나물

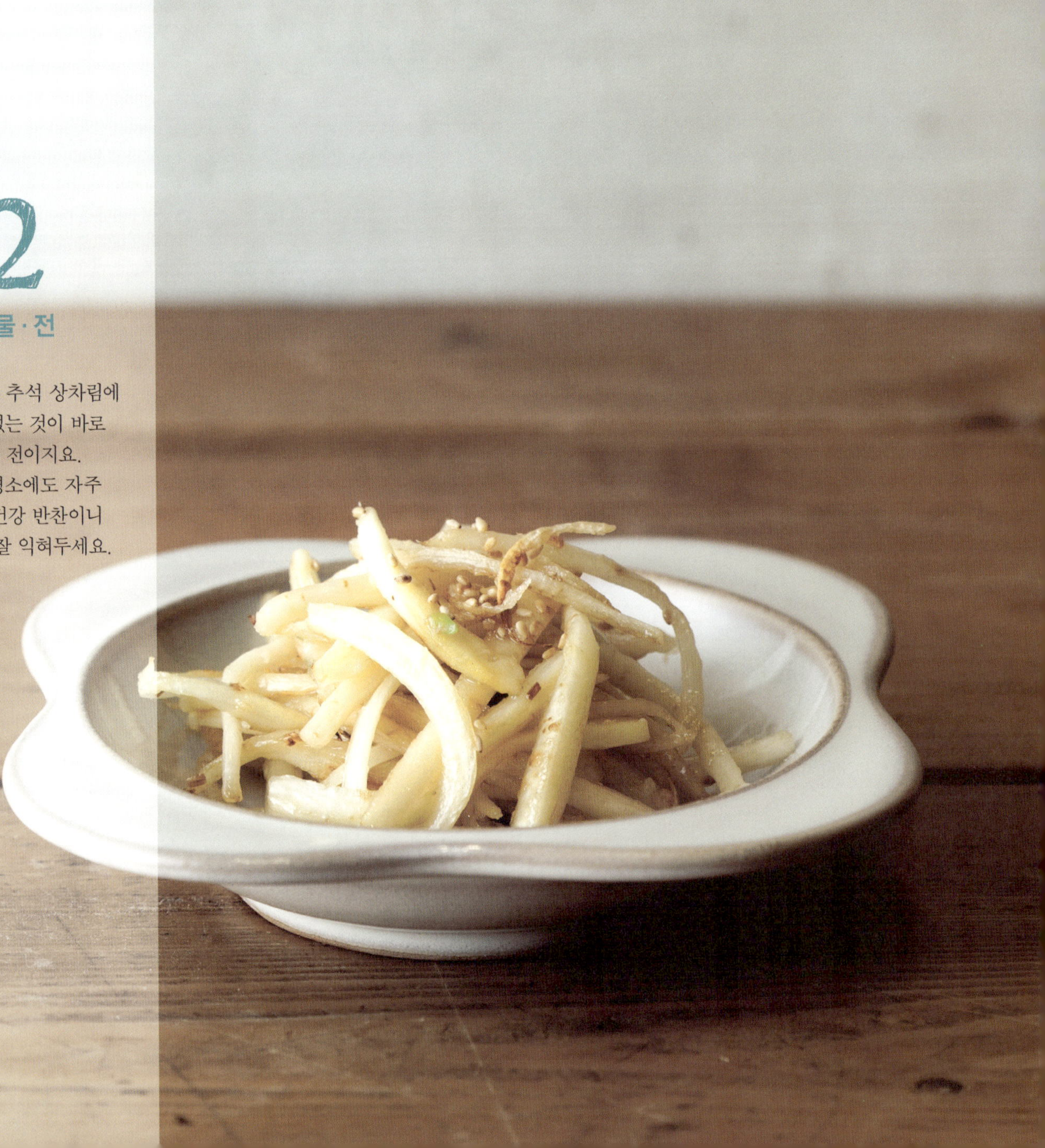

2

나물·전

새해 설날과 추석 상차림에
빠질 수 없는 것이 바로
나물과 전이지요.
나물은 평소에도 자주
해 먹는 건강 반찬이니
레시피를 잘 익혀두세요.

Recipe

도라지나물

도라지(껍질 벗긴 것) 300g, 물 6큰술, 포도씨유 1큰술, 굵은소금 ⅓큰술
소금 ⅓작은술, 참기름·통깨 약간씩

다진 파·참기름 ⅓큰술씩, 다진 마늘 ⅓작은술

만드는 방법

1. 도라지는 6cm 길이로 썰어 두꺼운 것은 반 갈라요.

2. 도라지에 굵은소금을 뿌리고 바락바락 주무른 뒤 10분쯤 두었다가 물에 헹구어 물기를 빼요.

3. 볼에 도라지와 양념을 넣고 고루 버무려요.

4. 달군 팬에 포도씨유를 두르고 3을 넣어 중불에서 5분 정도 볶아요.

5. 여기에 소금과 물을 넣고 뚜껑을 덮은 다음 가끔 저어가며 3분쯤 더 볶아요.

6. 참기름과 통깨를 넣고 섞어요.

Tip. 도라지는 굵은소금으로 바락바락 주물러 씻은 뒤 물에 담가두면 쓴맛이 빠져요.

부드럽고 고소한 맛
고사리나물

Recipe

Tip.
나물을 볶기 전 양념에
버무려두면 맛이 더
깊어져요.

재료
불린 고사리 200g, 물 1컵, 포도씨유
1큰술, 참기름·통깨 약간씩

양념
간장 1큰술, 다진 파 ⅓큰술
다진 마늘 1작은술

만드는 방법

1. 불린 고사리는 질긴 부분을 잘라내고 6~7cm 길이로 잘라요.

2. 1의 고사리는 양념을 넣고 무쳐요.

3. 달군 팬에 포도씨유를 두르고 고사리를 볶다가 물을 붓고 뚜껑을 덮어요.

4. 3의 뚜껑을 열고 3분쯤 고루 볶다가 참기름과 통깨를 넣어 섞어요.

소화에 도움을 주는 기특한 나물
숙주나물

Recipe

Tip.
숙주는 꼬리 부분만
살짝 다듬어 조리해요.

재료
숙주 400g, 통깨 약간

양념
참기름·다진 파 ½큰술씩, 소금 1작은술
다진 마늘 ½작은술

만드는 방법

1. 숙주는 끓는 물에 소금을 약간 넣고 데친 뒤 체에 밭쳐 식혀요.

2. 데친 숙주는 양념을 넣고 무쳐요.

3. 2에 통깨를 뿌리고 가볍게 섞어요.

철분과 비타민이 풍부한 나물
시금치나물

Recipe

재료
시금치 400g, 소금 약간

양념
다진 파 1작은술, 간장·소금·다진 마늘
⅓작은술씩, 통깨·참기름 약간씩

만드는 방법

1. 시금치는 깨끗이 씻어 끓는 물에 소금을 약간 넣고 살짝 데쳐요.

2. 데친 시금치는 찬물에 헹구어 물기를 꼭 짠 다음 6cm 길이로 썰어요.

3. 시금치에 양념을 넣고 고루 무쳐요.

Tip.
시금치를 데칠 때는 팔팔 끓는
물에 넣었다 바로 건져 찬물에
헹구세요. 오래 데치면 너무 푹
익어서 식감이 질기답니다.

부드럽고 담백한 전

생선전

Recipe

Tip.

냉동해둔 동태포는 냉장실로
옮겨 서서히 해동하고 밑간한
뒤 물기를 완전히 닦아내고
부쳐야 육질이 탱탱해요.

재료

동태살(포 뜬 것) 300g, 밀가루·달걀물·포도씨유 적당량씩, 후춧가루·소금 약간씩

만드는 방법

1. 동태포는 후춧가루와 소금을 뿌려 밑간한 뒤 키친타월로 물기를 닦아요.

2. 1을 밀가루, 달걀물 순으로 옷을 입혀요.

3. 달군 팬에 포도씨유를 두르고 동태포를 중불에서 앞뒤로 노릇하게 지져요.

버섯전

Recipe

버섯전

Tip.
버섯은 흐르는 물에
가볍게 씻어야 조리할
때 수분이 많이 나오지
않아 쫄깃한 식감이
살아있어요.

재료

새송이전 새송이버섯 3개, 밀가루·달걀물·포도씨유
적당량씩, 소금 약간

애느타리전 애느타리버섯 200g, 청양고추 1개
홍고추 ½개, 부침가루·물 ¾컵씩
포도씨유 적당량

표고버섯전 표고버섯 6개, 다진 소고기 30g, 두부 10g
밀가루·달걀물·포도씨유 적당량씩

표고버섯 양념

간장·다진 파 ½작은술씩
다진 마늘 ¼작은술
후춧가루·참기름·소금
약간씩

만드는 방법

1. 새송이버섯은 깨끗이 닦아 길게 모양을 살려 0.5cm 두께로 썰어요.

2. 1에 소금을 살짝 뿌린 뒤 밀가루, 달걀물을 입혀 달군 팬에 포도씨유를 두르고
   노릇하게 지져요.

3. 애느타리버섯은 가닥가닥 찢어 끓는 물에 소금을 약간 넣고 데친 뒤 찬물에
   헹구어 물기를 짜요.

4. 3과 송송 썬 청양고추와 홍고추, 부침가루, 물을 섞은 뒤 달군 팬에 포도씨유를
   두르고 지름 5cm 크기로 떠 넣어 노릇하게 부쳐요.

5. 표고버섯은 밑동을 떼어내고, 다진 소고기와 두부는 키친타월에 올려 각각 핏물과
   물기를 제거해요.

6. 볼에 소고기와 두부, 표고버섯 양념을 넣고 두부를 으깨가며 고루 섞어요.

7. 표고버섯 안쪽에 밀가루를 바른 다음 6을 채워 넣어요.

8. 표고버섯의 속을 채운 부분에만 밀가루, 달걀물을 묻혀 달군 팬에 포도씨유를
   두르고 3분 정도 지져 익힌 뒤 윗부분은 살짝 지져요.

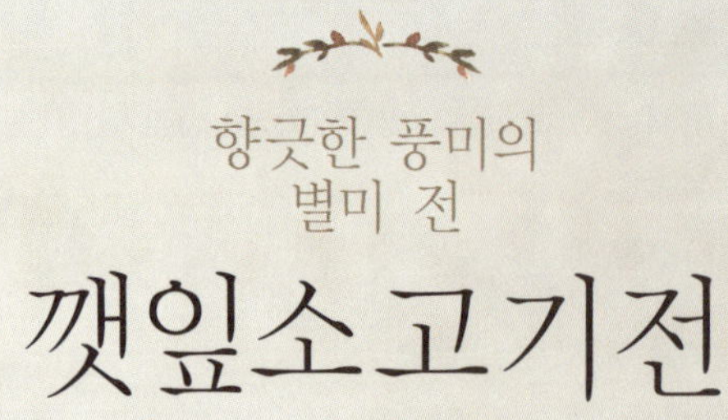

깻잎소고기전

Recipe

깻잎소고기전

재료

깻잎 10장, 다진 소고기 150g, 두부 50g, 밀가루·달걀물·포도씨유 적당량씩

양념

다진 파 ⅓큰술, 다진 마늘 1작은술, 소금 ⅓작은술, 후춧가루·청주·참기름 약간씩

만드는 방법

1. 깻잎은 깨끗이 씻어 물기를 빼요.

2. 다진 소고기와 두부는 키친타월에 올려 각각 핏물과 물기를 제거해요.

3. 볼에 소고기와 두부, 양념을 넣고 고루 섞어 잘 치대요.

4. 깻잎 안쪽 면에 밀가루를 살짝 바르고 3을 올린 다음 반 접어요.

5. 4의 표면에 밀가루, 달걀물을 입혀요.

6. 달군 팬에 포도씨유를 두르고 5를 올려 노릇하게 지져요.

Tip. 다진 고기와 두부를 섞어 반죽할 때는 오래 치대야 맛이 부드러워요.
깻잎에 밀가루를 살짝 바르고 반죽을 올리면 겉돌지 않고 잘 붙는답니다.

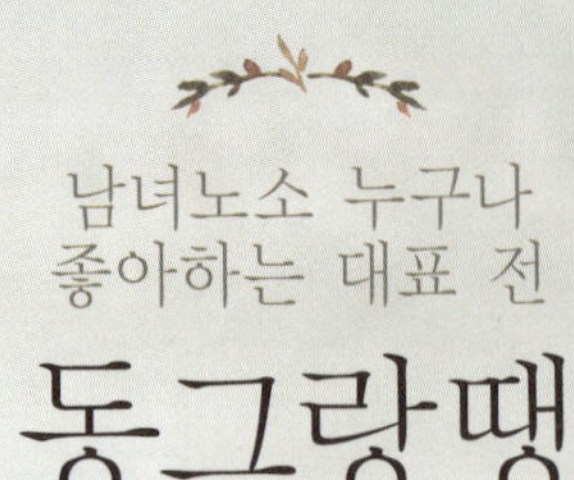

동그랑땡

Recipe

동그랑땡

재료

다진 돼지고기·다진 소고기 100g씩, 두부 50g, 다진 양파 40g
밀가루·달걀물·포도씨유 약간씩

양념

다진 파 1작은술, 다진 마늘 ½작은술, 간장 ½작은술, 소금 ¼작은술
후춧가루·청주·참기름 약간씩

만드는 방법

1. 다진 소고기와 돼지고기, 두부는 키친타월에 올려 각각 핏물과 물기를 제거해요.

2. 고기와 두부, 양파, 양념을 고루 섞은 다음 지름 4cm, 두께 0.5cm 크기로 동글납작하게 빚어요.

3. 2에 밀가루, 달걀물을 입혀요.

4. 달군 팬에 포도씨유를 두르고 3을 올려 중불에서 앞뒤로 노릇하게 지져요.

Tip. 다진 양파는 소금에 살짝 절인 뒤 키친타월로 감싸 물기를 뺀 다음 반죽에 넣어야 겉돌지 않고 잘 섞여요.

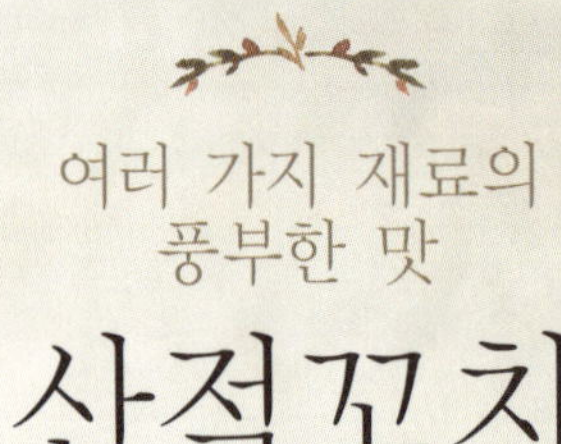

여러 가지 재료의
풍부한 맛

산적꼬치

Recipe

산적꼬치

재료

소고기 50g, 쪽파 30g, 맛살 3줄, 새송이버섯 1개
밀가루·달걀물·포도씨유 적당량씩

소고기 양념

간장·청주 1작은술씩, 참기름·후춧가루 약간씩

만드는 방법

1. 소고기는 키친타월로 핏물을 닦고 길이 7cm, 폭 1cm, 두께 0.5cm 크기로 썰어요.

2. 1의 넓은 면 앞뒤로 잔칼집을 넣은 뒤 양념에 버무려요.

3. 쪽파와 새송이버섯, 맛살은 6cm 길이로 썰어요.

4. 양념한 소고기를 팬에 볶아 식힌 다음 꼬치에 준비한 재료를 골고루 꽂아요.

5. 4의 꼬치에 밀가루, 달걀물을 입혀요.

6. 달군 팬에 포도씨유를 두르고 5를 중불에서 앞뒤로 노릇하게 지져요.

Tip. 고기는 익으면 부피가 줄어드니 채소보다 1cm 정도 크게 썰어야
조리했을 때 크기가 같아서 모양이 예뻐요.

알배추겉절이

3

김치

한국인의 밥상에서
빠질 수 없는 반찬이 바로
김치죠. 365일 저장해두고
먹는 김치부터 바로 버무려
먹는 김치, 또 계절에 따라
담가 먹는 김치까지 맛있는
김치 레시피를 소개합니다.

Recipe

알배추겉절이

재료

알배추 500g, 쪽파 50g, 꽃소금 25g

양념

고춧가루 40g, 멸치액젓 3큰술, 매실액 1½큰술, 다진 마늘 1⅓큰술, 통깨 1큰술
설탕 ⅔큰술, 다진 생강 1작은술, 소금 약간

만드는 방법

1. 배추는 길이로 잘라 물에 깨끗이 씻은 뒤 꽃소금을 뿌려 30분 정도 절여요.

2. 쪽파는 깨끗이 씻어 4cm 길이로 썰어요.

3. 양념 재료는 고루 섞어요.

4. 절인 배추는 체에 밭쳐 30분 이상 물기를 빼요.

5. 절인 배추를 양념에 버무린 다음 쪽파를 넣고 살살 섞어요.

Tip. 배추는 절이는 중간 중간 위아래를 뒤집어 섞어줘야 골고루 잘 절여져요.
절인 배추는 30분 이상 물기를 쪽 빼야 겉절이에 물이 많이 생기지 않는답니다.

홍시깍두기

Recipe

홍시깍두기

재료

무 1kg, 쪽파 40g, 홍시 4개, 고춧가루 ½컵, 꽃소금 2큰술

양념

양파즙 ¼컵, 새우젓·멸치액젓 2큰술씩, 다진 마늘 1½큰술, 다진 생강 ½큰술
설탕 2작은술, 소금 약간

만드는 방법

1. 무는 사방 2cm 크기로 깍둑썰기 한 뒤 꽃소금을 뿌려 1시간 정도 절여요.

2. 절인 무는 30분쯤 체에 밭쳐 물기를 뺀 뒤 고춧가루를 넣고 버무려요.

3. 쪽파는 3cm 길이로 썰고, 홍시는 씨와 껍질을 제거하고 믹서에 갈아요.

4. 2에 홍시와 양념을 넣고 버무려요.

5. 여기에 쪽파를 넣어 살짝 버무려 통에 담고 상온에 하루쯤 두었다가 냉장
   보관해요.

Tip. 홍시가 제철일 때 넉넉히 사서 얼려두면 1년 내내 맛있는 홍시깍두기를 담가 먹을 수
있어요. 잘 익은 홍시는 믹서에 갈지 않고 바로 넣어 버무려도 좋아요.

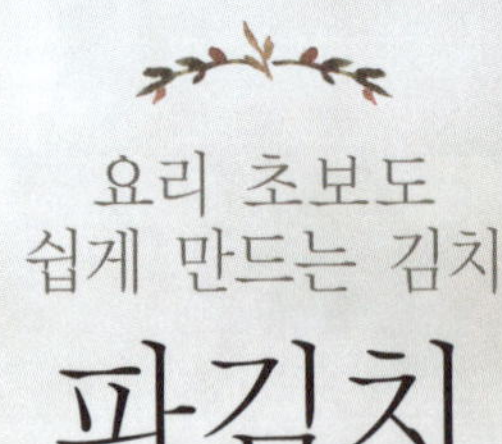

파김치

Recipe

파김치

재료

쪽파 500g

양념

고춧가루 ½컵, 찹쌀풀 ½컵(물 ½컵, 찹쌀가루 1큰술), 멸치액젓 ¼컵
양파즙 3큰술, 참치젓·설탕·다진 마늘 1큰술씩, 생강 ½큰술

만드는 방법

1. 냄비에 찹쌀풀 재료를 넣고 약불에서 2~3분간 끓인 뒤 미지근할 때 고춧가루를 넣어 불려요.

2. 쪽파는 다듬어 씻은 뒤 물기를 빼고 멸치액젓을 뿌려 재워요.

3. 1에 나머지 양념 재료를 넣고 고루 섞어요.

4. 2의 쪽파에 양념을 넣고 살살 버무려요.

Tip. 쪽파를 액젓에 재우면 파의 매운맛도 빠지고 양념에도 잘 버무려져요.

배추김치

Recipe

배추김치

재료

배추 2통, 쪽파 80g, 무 ½개, 소금물 8컵(물 8컵, 굵은소금 2½컵)

양념

찹쌀풀 2컵(물 2컵, 찹쌀가루 ¼컵), 고춧가루 1½컵, 멸치액젓 5큰술
매실청 3큰술, 새우젓·설탕 2큰술씩, 다진 마늘 1½큰술, 다진 생강 ½큰술
꽃소금 약간

만드는 방법

1. 배추는 겉잎을 떼어내고 길이로 ¼등분해요.

2. 1을 소금물에 담갔다 줄기 부분에 굵은소금을 켜켜이 뿌려 1시간 정도 절인 뒤 체에 건져 물기를 빼요.

3. 냄비에 물과 찹쌀가루를 섞어 넣고 약불에 10분쯤 끓여 찹쌀풀을 만들어요.

4. 무는 채 썰고, 쪽파는 5cm 길이로 썰어요.

5. 양념 재료는 고루 섞어요.

6. 여기에 무와 쪽파를 넣고 잘 버무려요.

7. 절인 배추에 6의 김칫소를 켜켜이 발라 넣은 다음 밀폐용기에 담아요.

열무물김치

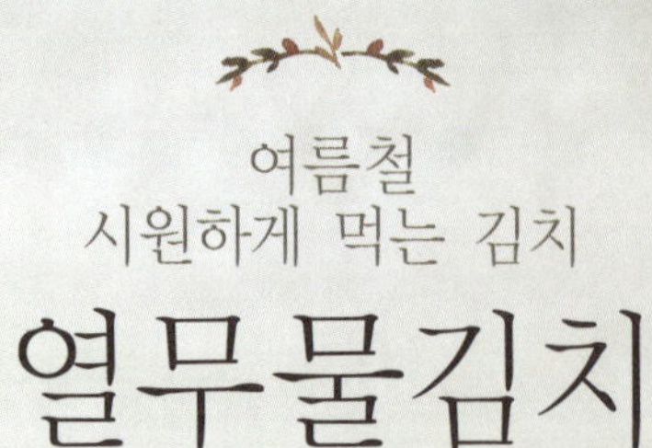

Recipe

열무물김치

Tip.
감자는 완전히 익도록 푹
삶으세요. 설익은 감자를
넣으면 김치에서 풋내가
날 수 있어요.

재료
열무 1단, 쪽파 80g, 청양고추 4개, 홍고추 2개, 소금물 1ℓ(물 1ℓ, 굵은소금 1컵)

김칫국물
감자(중)·홍고추 2개씩, 양파(중) $\frac{1}{2}$개, 물 5컵, 꽃소금 3큰술, 다진 마늘 $1\frac{1}{2}$큰술
다진 생강 $\frac{1}{2}$큰술, 그린스위트 $\frac{1}{2}$작은술

만드는 방법

1. 열무는 5~6cm 길이로 썰어 두세 번 씻은 뒤 소금물에 1시간 정도 절여요.
   이때 중간 중간 위아래를 뒤집어 섞으세요.

2. 절인 열무는 넉넉한 물에 살살 헹구어 체에 건져 물기를 빼요.

3. 김칫국물 재료 중 물 1컵과 홍고추를 믹서에 갈아요.

4. 청양고추와 홍고추는 채 썰고, 쪽파는 5cm 길이로 썰어요.

5. 냄비에 김칫국물 재료 중 물 2컵과 적당히 썬 감자, 양파를 넣고 푹 삶아 믹서에
   갈아요.

6. 5에 그린스위트와 꽃소금, 다진 마늘, 다진 생강을 넣어 섞어요.

7. 여기에 물 2컵과 3을 넣고 고루 섞어 김칫국물을 만들어요.

8. 밀폐용기에 절인 열무와 쪽파, 고추를 섞어 넣고 7의 김칫국물을 부어 상온에서
   1~2일 익힌 뒤 냉장실에 보관해요.

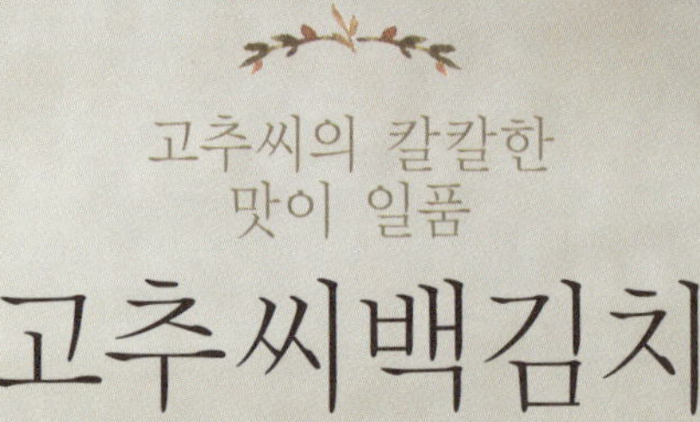

고추씨백김치

Recipe

고추씨백김치

재료

배추 2통, 무(10cm) 1토막, 소금물 8컵(물 8컵, 굵은소금 2½컵)
찹쌀풀 2½(물 2컵, 찹쌀가루 ¼컵), 고추씨 ½컵, 멸치액젓 2큰술

김칫국물

A. 양파·배 1개씩, 생강 1쪽, 마늘 ½컵
B. 물 10컵, 소금 ¼컵, 그린스위트 2큰술

만드는 방법

1. 배추는 겉잎을 떼어내고 길이로 ¼등분해 소금물에 3시간 담가둬요.

2. 배추의 줄기 부분에 굵은소금을 켜켜이 뿌려 절인 뒤 체에 밭쳐 물기를 빼요.

3. 김칫국물 재료 A는 믹서에 갈아 면보에 걸러 즙만 받아요.

4. 3에 김칫국물 재료 B를 넣어 섞어요.

5. 냄비에 물과 찹쌀가루를 넣고 약불에서 10분쯤 끓여 찹쌀풀을 만들어 식혀요.

6. 채 썬 무에 고추씨, 멸치액젓, 찹쌀풀을 넣고 고루 버무려요.

7. 절인 배추에 6의 김칫소를 켜켜이 발라 넣고 밀폐용기에 담아요.

8. 여기에 4의 김칫국물을 부어요.

Tip. 배추를 소금물에 담가 절일 때는 굵은소금을 줄기 부분에만 뿌려야 줄기와 잎이 고루
절여져요. 배추를 휘어봤을 때 부러지지 않고 나긋나긋 휘어지면 잘 절여진 거예요.

여름 동치미

Recipe

여름 동치미

재료
무(1.8kg) 1개, 청양고추 5개

김칫국물
무(10cm) 1토막, 배 ½개, 물 15컵, 소금 ½컵,
그린스위트 1½큰술, 다진 마늘 1½작은술, 생강즙 ½작은술

만드는 방법

1. 무는 길이 5cm, 폭 1cm 크기로 썰어요.

2. 김칫국물 재료 중 무, 배는 믹서에 갈아 면보에 걸러 즙만 받아요.

3. 밀폐용기에 1의 무와 김칫국물 재료 중 소금 1½큰술, 그린스위트를 넣고 버무려
   30분쯤 절여요.

4. 여기에 나머지 소금과 물, 2의 즙, 생강즙을 섞어 부어요.

5. 청양고추에 포크로 구멍을 내어 4에 넣고 상온에서 1~2일 익힌 뒤 냉장실에
   보관해요.

Tip. 여름에 나오는 무는 맛이 없어 단맛이 나는 양념을 넣는 것이 좋아요.
     무를 그린스위트와 소금에 재워 맛을 배게 한 뒤 동치미를 담그면 더욱 맛있어요.

PART

02

고기와 해산물

RECIPES FOR BASIC

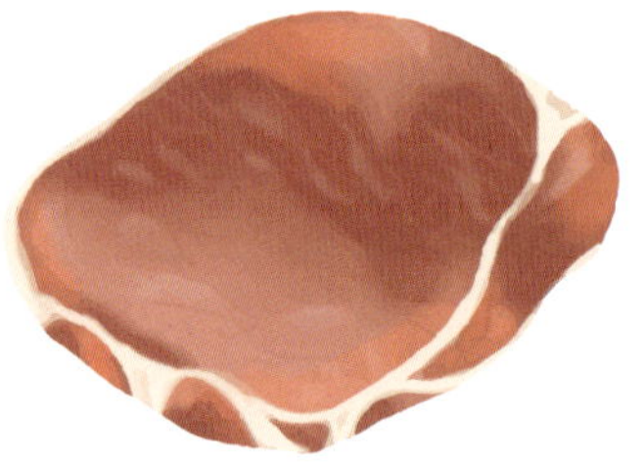

돼지고기
소고기
닭고기
오징어
조개 · 전복
삼치 · 고등어 · 갈치
멸치
북어 · 황태
미역 · 김
새우

고기와 해산물은 아이 어른 모두가 좋아하지요.
소고기, 돼지고기, 닭고기는 색깔이 다르듯 맛과
영양도 차이가 있기 때문에 각각의 특성을 잘
이해하고 적절한 보관법과 조리법을 알아두는 것이
좋아요. 특히 고기는 부위별로 맛과 식감이 달라서
그에 알맞게 조리해야 가장 맛있게 즐길 수 있어요.
그래서 고기의 종류와 부위에 따라 궁합이 맞는
재료를 이용해 다양한 메뉴를 구성했답니다.

우리나라는 삼면이 바다라서 계절별로 해산물이
풍부하다 보니 선택의 폭이 넓고 쉽게 신선한 제철
식품을 구할 수 있어요. 재료가 싱싱하면 간단히
조리해도 훌륭한 맛을 낼 수 있지요. 갖가지 생선을
비롯해 조개, 전복, 새우 등 해산물은 손질법이
까다롭다고 생각해 부담스러워하는 주부가
많더라고요. 그래서 파트 2에서는 해산물 요리에
필요한 손질법과 보관법을 자세히 담았습니다.

1. 돼지고기

피부를 탄력 있게 가꾸고 싶다면
돼지고기가 제격이죠. 몸이 피로하고
지칠 때 돼지고기 수육 한 접시면
피로가 싹 가신답니다. 마늘을 곁들여
먹는 삼겹살마늘구이도 좋아요. 맛있는
돼지고기 요리로 건강하고 활력 넘치는
하루를 보내세요.

등심
육질이 가장 부드러운 부위로 지방이 적어
스테이크나 돈가스를 만들기 좋아요.

부위

안심
지방이 부드러우며 육질의
결이 고와서 장조림이나
탕수육을 만들 때 좋아요.

등갈비·갈비
뼈에서 나오는 특유의 풍미가
살로 스며들어 깊은 맛을 내며, 근육에
지방이 잘 섞여 있고 육질이 쫄깃해요.

앞다리살
진한 색의 다소 거친
부위지만 지방이 적어
수육이나 보쌈 등 요리에
적당해요.

목살
여러 개의 근육이 모여 있으며 지방이
적당히 섞여서 풍미가 좋아요.
삼겹살에 비해 지방이 적어요.

항정살
목부터 어깨에 이르는 부위로 돼지 한 마리에서
200g 정도만 나와요. 살코기에 촘촘히 박혀 있는
지방층이 천 개나 된다고 하여 '천겹살',
'천겹차돌' 등으로 불리기도 해요.

삼겹살
지방과 살이 교차해 있는 부위로
지방 함유량이 많고 깊은 맛이
나지요.

선택

돼지고기는 색깔이 선명한 담홍색을 띠
며 윤기가 흐르고 살코기가 두툼한 것이
맛있어요. 또 지방은 백색을 띠고 탄력과
끈기가 있는 것이 좋은 거예요.

손질

돼지고기는 지방을 적당히
제거하고 먹는 것이 건강에
좋아요. 하지만 너무 잘라내
면 육질이 푸석해진답니다.

보관

얇게 썬 고기는 키친타월로 수분을 살짝
닦아낸 뒤 한 번 먹을 양만큼 밀봉해 보관
하고, 두툼하게 썬 고기는 식초와 식용유
를 1:1 비율로 섞어 바른 다음 밀봉하세요.
냉장실에서는 3일, 냉동실에서는 한 달가
량 보관 가능해요. 다짐육은 부패가 빠르
므로 냉장고에 2일 정도 보관이 가능하나
빨리 섭취하는 것이 좋아요.

애호박돼지고기찌개

Recipe

애호박
돼지고기찌개

재료

돼지고기 안심 150g, 풋고추·홍고추 ½개씩, 애호박·양파 ¼개씩, 물 5컵
대파·소금 약간씩

돼지고기 밑간

생강즙 1작은술, 후춧가루 약간

양념

고추장 2큰술, 고춧가루·국간장 ½큰술씩, 참치액젓 ½작은술

만드는 방법

1. 돼지고기는 0.5cm 두께, 6cm 길이로 썰어 밑간해 10분쯤 재워요.

2. 애호박과 양파는 0.5cm 두께, 5cm 길이로 썰고, 대파와 고추는 어슷썰기 해요.

3. 냄비를 중불에 올려 달군 뒤 재운 돼지고기와 양념 재료를 넣고 볶아요.

4. 돼지고기가 익으면 물을 붓고 15분 정도 끓이다가 양파, 애호박을 넣어요.

5. 4가 끓기 시작하면 소금으로 간을 맞춘 다음 대파와 고추를 넣고 한소끔 끓여요.

Tip. 찌개에 두부나 감자를 넣어도 좋아요. 더 칼칼한 맛을 원하면 고추장을 줄이고
고춧가루 양을 늘리세요.

매운돼지갈비찜

Recipe

매운돼지갈비찜

돼지갈비 1kg, 감자 3개, 당근 ½개, 물 1컵

배(중)·양파(중) ½개씩, 청양고추 5개, 간장 4큰술, 매운 고춧가루 3큰술
올리고당·다진 마늘·청주 2큰술씩, 맛술·참기름·설탕·참치액·깨소금 1큰술씩
후춧가루 ½작은술

만드는 방법

1. 돼지갈비는 3시간 정도 찬물에 담가 핏물을 빼요.

2. 당근과 감자는 적당히 썰어 모서리를 둥글리고, 양념장 재료는 믹서에 넣어 곱게
   갈아요.

3. 돼지갈비와 2의 양념장을 고루 버무려요.

4. 냄비에 3의 돼지갈비와 물을 넣고 40분 정도 푹 끓여요.

5. 국물이 반 정도 졸아들면 감자와 당근을 넣고 중약불에서 갈비를 푹 익혀요.

Tip. 갈비살에 잔칼집을 넣으면 핏물도 빨리 빠지고 양념도 잘 배어 육질이 연해져요.

김치 속에 숨은 든든한 등갈비

등갈비김치찜

Recipe

재료

묵은 김치 500g
등갈비 800g

조림국물

멸치국물 3컵, 참치액젓·맛술·청주·고춧가루·다진 마늘
½큰술씩, 생강즙 ½작은술, 후춧가루·설탕·포도씨유 약간씩

Tip.
등갈비 대신 고등어로 찜을
해 먹어도 맛있어요. 약불로
뭉근히 익힐수록 더욱 맛이
좋답니다.

만드는 방법

1. 등갈비는 한쪽씩 잘라 찬물에 1시간쯤 담가 핏물을 뺀 뒤 체에 건져 물기를 빼요.

2. 1의 등갈비 한쪽마다 김치를 돌돌 말아요.

3. 냄비에 2와 조림국물 재료를 넣고 뚜껑을 덮어 끓기 시작하면 5분쯤 더 끓인 뒤
   약불로 줄여 1시간 정도 끓여요.

4. 김치가 부드러워지면 불에서 내려요.

양파와 마늘 향이 솔솔

마늘양파삼겹살볶음

Recipe

Tip.

초고추장을 곁들여 먹어도
맛있어요. 마늘과 양파 향이
살아있어 술안주로도
그만이랍니다.

<u>재료</u>

삼겹살 300g, 마늘 5쪽, 양파 ½개
소금·후춧가루 약간씩

<u>만드는 방법</u>

1. 삼겹살은 4cm 크기로 썰어요.

2. 마늘은 저며 썰고, 양파는 사방 1.5cm 크기로 썰어요.

3. 달군 팬에 삼겹살을 올려 앞뒤로 노릇하게 구워요.

4. 여기에 마늘과 양파를 넣어 3분쯤 볶다가 소금, 후춧가루로 간해요.

된장소스목살구이

Recipe

된장소스
목살구이

재료
돼지고기 목살 300g, 부추 ½단, 양파(중) ½개

돼지고기 밑간
청주·매실청 ½큰술씩, 후춧가루 약간

고기소스
간장 2큰술, 설탕 1½큰술, 꿀·참기름 ½큰술씩, 맛술·깨소금 1큰술씩
된장 1작은술, 다진 생강 ½작은술, 다진 마늘 ⅔작은술

부추소스
식초 1큰술, 참기름 ½큰술, 간장·고춧가루 1작은술씩, 마늘·통깨 약간씩

만드는 방법

1. 돼지고기는 밑간해서 10분쯤 재워요.

2. 1의 돼지고기를 고기소스 재료에 버무려 2시간 이상 재워요.

3. 달군 팬에 재운 돼지고기를 앞뒤로 잘 구워 한입 크기로 썰어요.

4. 부추는 5cm 길이로 썰고, 양파는 곱게 채 썰어요.

5. 부추소스에 4를 넣고 살살 버무려 접시에 고기와 함께 담아요.

달콤한 유자소스의 특별함

유자항정살조림

Recipe

Tip.
부추는 숨이 죽지 않도록
불을 끄고 여열로 볶으세요.
그래야 특유의 향과 색,
식감을 살릴 수 있답니다.

재료
돼지고기 항정살 300g, 부추 50g

유자청조림장
간장·식초·포도씨유·유자청 1큰술씩, 설탕·맛술 ½큰술씩, 레몬즙 2작은술

돼지고기 밑간
다진 마늘 2큰술, 청주·맛술 ½큰술씩

만드는 방법

1. 돼지고기는 밑간해 재워요.

2. 부추는 씻어서 물기를 빼고 3cm 길이로 썰고, 유자청조림장 재료는 고루 섞어요.

3. 달군 팬에 재운 고기를 볶아 80% 정도 익혀요.

4. 팬에 유자청조림장을 끓이다가 3의 고기를 넣어 조린 뒤 불을 끄고 부추를 넣어 버무려요.

매콤 새콤한 소스가 별미

삼겹살청양소스무침

Recipe

재료

돼지고기 삼겹살(샤브샤브용)
200g, 물 3컵, 간장·청주 1큰술씩

청양소스

청양고추 3개, 간장·식초·매실청 2큰술씩
포도씨유 ½큰술, 참기름·설탕 1작은술씩

Tip.

고기를 먼저 데쳐두어 식으면
맛이 없고 뻣뻣해져요.
먹기 직전에 데쳐서 버무려야
부드럽게 즐길 수 있지요.

만드는 방법

1. 송송 썬 청양고추와 나머지 재료를 섞어 청양소스를 만들어요.

2. 냄비에 물을 붓고 끓기 시작하면 간장과 청주를 넣어요.

3. 여기에 고기를 한 장씩 담가 데쳐요.

4. 청양소스에 데친 고기를 넣고 버무려요.

바삭바삭한 식감과
달콤한 소스의 조화

돈가스

Recipe

돈가스

Tip.
돼지고기를 와인에 재우면
육질이 부드러워져요.
이때 로즈마리나 바질 등
허브를 넣으면 누린내를
잡을 수 있어요.

재료
돼지고기 안심 300g, 달걀 3개, 화이트 와인 ⅓컵, 우유 2큰술
마요네즈 1½큰술, 머스터드 ½큰술, 박력분·빵가루·포도씨유·양배추 적당량씩

돈가스소스
시판 돈가스소스 ½컵, 사과(곱게 간 것) 4큰술, 우스터소스·토마토케첩 3큰술씩
녹말가루 ½작은술

샐러드소스
마요네즈·토마토케첩·우스터소스 ½큰술씩, 레몬즙·씨겨자 1작은술씩
설탕 ½작은술, 소금 약간

만드는 방법

1. 돼지고기는 화이트 와인에 20분쯤 재운 뒤 체에 받쳐 핏물을 빼고 키친타월로 닦아요.

2. 마요네즈와 머스터드를 섞어 고기 앞뒷면에 발라요.

3. 양배추는 채 썰어 찬물에 담가두었다가 물기를 빼요.

4. 달걀과 우유를 고루 섞어 달걀물을 만들어요.

5. 2의 고기를 밀가루, 달걀물, 빵가루 순으로 옷을 입혀요.

6. 170℃ 포도씨유에 5를 넣고 5~6분 정도 노릇하게 튀겨요.

7. 냄비에 돈가스소스 재료를 넣어 한소끔 끓이고, 샐러드소스 재료는 고루 섞어요.

8. 접시에 튀겨낸 돈가스와 양배추를 담고 7의 소스를 각각 뿌려요.

다진돼지고기덮밥

Recipe

다진돼지고기덮밥

재료

다진 돼지고기 등심 130g, 시금치 50g, 풋고추·홍고추 ½개씩, 양파 ¼개
포도씨유·다진 마늘 1큰술씩, 멸치액젓·굴소스 ½큰술씩, 설탕·후춧가루 약간씩

만드는 방법

1. 시금치는 6cm 길이로 썰고, 고추는 송송 썰고, 양파는 곱게 채 썰어요.

2. 달군 팬에 포도씨유를 두르고 다진 마늘을 볶아 향을 내요.

3. 여기에 다진 고기를 넣어 중불에서 노릇하게 볶아요.

4. 고기가 거의 익으면 양파와 고추를 넣어 볶다가 멸치액젓, 굴소스, 설탕,
   후춧가루로 양념해요.

5. 4에 시금치를 넣고 볶아 숨이 살짝 죽으면 불에서 내려요.

6. 그릇에 밥을 담고 5를 올려요.

Tip. 멸치액젓 대신 피시소스를 넣어도 되고, 덮밥 위에 달걀프라이를 곁들여 먹어도 좋아요.

찹쌀탕수육

Recipe

찹쌀탕수육

재료
돼지고기 안심 200g, 식용유 적당량

튀김반죽
녹말가루 ½컵, 물 5큰술, 찹쌀가루 1큰술, 베이킹파우더 ½큰술

탕수육소스
물 ¼컵, 녹말물 3큰술(물 2큰술, 녹말가루 1큰술), 식초·설탕 1큰술씩
다진 마늘·포도씨유·간장·토마토케첩 ½큰술씩

돼지고기 밑간
생강술 ½큰술, 소금·후춧가루 약간씩

만드는 방법

1. 돼지고기는 0.3cm 두께의 편으로 썰어 밑간해 재워요.

2. 튀김반죽 재료를 고루 섞은 뒤 재운 고기를 넣어 버무려요.

3. 180℃ 식용유에 고기를 하나씩 퍼 넣으며 바삭하게 튀겨요.

4. 냄비에 포도씨유를 두르고 다진 마늘을 볶아요.

5. 4에 녹말물을 제외한 탕수육소스 재료를 넣고 끓기 시작하면 녹말물을 조금씩
   넣어가며 농도를 조절한 뒤 불을 꺼요.

6. 3의 고기를 180℃ 식용유에 다시 한 번 튀겨낸 뒤 그릇에 담고 탕수육소스를
   끼얹어요.

돼지고기수육세트

Recipe

돼지고기
수육세트

재료

돼지고기 삼겹살(또는 목살) 300g, 깻잎 20장, 마늘 3쪽, 월계수잎 1장, 양파 ½개
통계피·생강 ½개씩, 대파 ½대, 물 3컵, 된장 ½큰술, 커피·통후추 ½작은술씩

깻잎절임양념

간장·멸치액젓·설탕 ⅓작은술씩

무생채

무 200g, 배 10g, 밤 2개, 홍고추 ½개

양념

A. 식초·설탕·소금 ⅓작은술씩
B. 고춧가루 1큰술, 멸치액젓·다진 마늘 ½큰술씩, 간장 ⅓작은술, 설탕 약간

만드는 방법

1. 냄비에 돼지고기와 깻잎을 뺀 나머지 재료를 모두 넣고 끓으면 고기를 넣어 40분 정도 삶아요.

2. 무와 배는 6cm 길이로 채 썰고, 밤은 두껍게 채 썰고, 홍고추는 씨를 제거하고 채 썰어요.

3. 채 썬 무에 양념 A를 넣고 버무린 다음 20분 뒤에 물기를 꼭 짜요.

4. 양념 B에 3의 무와 배, 밤, 홍고추를 넣어 버무려요.

5. 깻잎은 씻어 물기를 빼고 깻잎절임양념에 20분쯤 절인 뒤 살짝 짜서 반 썰어요.

6. 접시에 1의 수육을 0.3cm 두께로 썰어 담고 4와 5를 곁들여요.

2. 소고기

단백질이 풍부한 소고기는 면역력을 높여줘
어린이와 노약자에게도 좋은 식품이에요.
하지만 너무 많이 먹으면 콜레스테롤 수치가
높아지니 적당히 섭취하세요. 소고기는
깻잎이나 양파 같은 채소와 같이 먹으면
맛도 좋고 건강에도 좋답니다.

부위

우둔살
육질의 결이 고운 편이고 지방이 적어 장조림이나 불고기, 육포 등을 만들 때 적합해요.

양지살
가슴에서 배 아래쪽에 이르는 부위로 탕이나 국 등 진한 육수를 낼 때 좋아요.

사태
힘줄과 막이 섞여 있어 질긴 편이지만 아미노산이 풍부하고 지방이 적으며 영양이 풍부해요.

설도
소의 엉덩이살 아래쪽 넓적다리 부위예요. 고기 결이 다소 거칠고 질긴 편이라 주로 얇게 썰어 불고기용으로 써요.

갈비
육질이 부드럽고 지방이 적당히 함유되어 찜이나 구이를 만들면 좋아요.

홍두깨살
지방 함량이 적고 주로 살코기라 담백한 맛이 나는 부위예요. 산적을 만들 때 자주 써요.

차돌박이
소의 갈비뼈 아래쪽 부위로 고기가 두껍고 하얀 지방층과 섞여 있어 고소하고 육즙이 많아요. 지방이 차돌처럼 단단해서 얇게 썰어 샤브샤브나 구이로 먹으면 맛있어요.

선택

색이 선명하며 조직이 치밀하고 손으로 눌렀을 때 단단한 것이 좋아요. 지방의 색깔은 흰색 또는 연한 크림색으로 광택이 나는 것이 맛있고요. 지방이 노란색을 띠거나 육질이 끈적이는 것은 오래된 것이니 피하세요.

손질

덩어리 고기는 찬물에 담가 핏물을 뺀 뒤 조리해야 누린내가 나지 않아요. 편이나 채, 다짐육인 경우는 키친타월로 감싸 핏물을 제거하세요.

보관

고기 표면이 마르지 않도록 기름을 발라 밀봉해 보관하세요. 냉장실에서는 2~3일, 냉동해둔 것은 1개월 이내에 섭취하세요.

소고기뭇국

Recipe

소고기뭇국

무 500g, 소고기 양지 300g, 대파 1대, 물 6컵, 참기름 1큰술, 소금 약간

소고기 밑간
국간장 2큰술, 다진 마늘 1큰술, 소금·후춧가루 약간씩

만드는 방법

1. 소고기는 국거리용으로 썰어 키친타월로 감싸 핏물을 제거해요.

2. 1의 고기를 밑간 양념에 버무려 10분간 재워요.

3. 무는 사방 3cm 크기로 납작하게 썰고, 대파는 어슷하게 썰어요.

4. 달군 냄비에 참기름을 두르고 재운 고기를 겉면이 익도록 볶다가 무를 넣고 살짝 더 볶아요.

5. 여기에 물을 붓고 중불에서 20분 정도 끓여요.

6. 소금으로 간을 맞추고 대파를 넣어 한소끔 끓여요.

Tip. 소고기와 무를 미리 볶은 뒤 물을 붓고 끓여야 국물 맛이 진하게 우러나와요.

버섯육개장

Recipe

버섯육개장

재료
소고기 양지 300g, 느타리버섯·새송이버섯·숙주 200g씩, 표고버섯 3개
팽이 1봉, 대파 2대, 홍고추·청양고추 2개씩

맛국물
무 100g, 양파 ½개, 마늘 5쪽, 통후추 1작은술, 물 2ℓ

양념
고추기름·고춧가루 3큰술씩, 참기름·마늘·국간장·참치액·소금 1큰술씩
고추장 1작은술, 후춧가루 약간

Tip.
육개장에 버섯을 넣으면
고기보다 쫄깃한 맛이 더
좋아요. 대파를 넉넉히 넣어
끓이면 국물이 시원하답니다.

만드는 방법

1. 냄비에 맛국물 재료와 소고기를 넣어 1시간 정도 삶아요.

2. 1의 고기는 건져내 찢고, 육수는 체에 받아요.

3. 새송이버섯은 5cm 길이로 얇게 썰고, 느타리버섯은 손으로 가늘게 찢어요.
   팽이버섯은 밑동을 자르고, 표고버섯은 0.3cm 두께의 편으로 썰어요.

4. 손질한 버섯과 숙주는 끓는 물에 살짝 데쳐요.

5. 냄비에 데친 버섯과 숙주, 찢은 고기, 양념을 넣고 고루 버무려요.

6. 여기에 2의 육수(8컵)를 붓고 중불로 30분 정도 끓여요.

7. 대파와 고추를 어슷하게 썰어 넣어요.

구수한 국물 맛

차돌박이된장찌개

Recipe

재료

소고기 차돌박이 20g, 된장 30g, 멸치다시마국물 1½컵, 감자·양파 ⅓개씩, 호박 ¼개

양념

다진 마늘 ½작은술
설탕·고춧가루 ¼작은술씩

Tip.

집에 있는 된장의
염도에 따라 넣는 양을
조절해가며 간을 맞추세요.

만드는 방법

1. 소고기는 키친타월로 핏물을 제거해요.

2. 감자는 껍질을 벗겨 호박, 양파와 함께 사방 1.5cm 크기로 썰어요.

3. 냄비에 멸치다시마국물을 붓고 된장을 푼 다음 고기와 감자를 넣고 한소끔 끓여요.

4. 3에 호박과 양파를 넣고 양파가 투명해지도록 끓여요.

5. 여기에 양념을 넣고 좀 더 끓여요.

손님 초대 요리로 추천

버섯불고기

Recipe

Tip.

깔끔한 국물 맛을 즐기려면
소고기를 키친타월로 여러겹
감싸 핏물을 확실히 빼야 해요.

재료

소고기(불고기용) 300g, 팽이버섯
1봉, 표고버섯·새송이버섯 1개씩
대파 ⅓대, 양파 ⅓개

만드는 방법

1. 소고기는 키친타월로 핏물을
   제거하고 양념에 버무려 30분
   정도 재워요.

2. 대파와 양파는 곱게 채 썰어요.

양념

다시마국물 1⅓컵, 간장 3½큰술
설탕·배즙 2큰술씩, 다진 마늘·청주·참기름
1큰술씩, 통깨 ½큰술, 후춧가루 약간

3. 팽이버섯은 밑동을 자르고, 표고버섯과
   새송이버섯은 0.3cm 두께의 편으로 썰어요.

4. 냄비에 1을 넣고 센 불에 올려 끓기 시작하면
   중불로 줄인 다음 버섯, 양파, 대파를 모두
   넣고 양파가 투명해지도록 끓여요.

낙지와 버섯의
깊은 맛

소고기낙지전골

Recipe

소고기낙지전골

재료

소고기(불고기용)·느타리버섯 200g씩, 낙지 1마리, 표고버섯 3개, 배춧잎 2장
대파 1대, 팽이버섯 1봉, 양파 ½개, 홍고추 1개, 다시마국물 2컵
밀가루 1큰술

소고기 양념

간장 2큰술, 설탕·참기름 1큰술씩, 다진 마늘 1작은술, 후춧가루 약간

낙지 양념

고춧가루·청주 1큰술씩, 고추장·간장 ½큰술씩, 다진 마늘 1작은술

Tip.
주말 저녁. 온 식구가 모여
식사할 때는 낙지를 자르지
말고 통으로 넣어 끓인 후
식탁에서 잘라보세요.
눈길을 자극해 입맛이 한층 더
살아날 거예요.

만드는 방법

1. 낙지는 밀가루를 뿌리고 주물러 씻은 뒤 6cm 길이로 썰어요.

2. 1의 낙지를 양념에 버무려 30분쯤 재워요.

3. 소고기는 키친타월로 핏물을 제거한 뒤 양념에 버무려 30분 정도 재워요.

4. 배춧잎과 양파는 0.5cm 길이로 채 썰고, 대파와 홍고추는 어슷하게 썰어요.

5. 표고버섯은 모양을 살려 편으로 썰고, 느타리버섯은 한 가닥씩 손으로 뜯고,
   팽이버섯은 밑동을 잘라요.

6. 냄비에 대파와 홍고추를 제외한 재료를 보기 좋게 돌려 담아요.

7. 여기에 다시마국물을 붓고 센 불에 올려 끓기 시작하면 중불에서 10~15분 정도
   끓인 뒤 대파, 홍고추를 넣어요.

영양갈비찜

Recipe

영양갈비찜

Tip.

뼈 있는 고기는 핏물을 빼는
것이 중요해요. 졸졸졸 흐르는
물에 담가 핏물을 빼면 중간에
물을 갈아주지 않아도 되고
육질이 더 부드러워져요.
조리 마지막에 꿀 한 방울을
넣어 섞으면 입에 착착 붙는
맛있는 갈비찜이 완성돼요.

재료

갈비 1.2kg, 무 200g, 밤(생율)·표고버섯(소)·대추 10개씩, 꿀 2큰술

맛국물

마늘 4쪽, 건고추 2개, 생강 1쪽, 물 8컵, 통후추 ½큰술

양념

양파즙·배즙 100g씩, 육수 2컵, 간장 6큰술, 설탕 4큰술
맛술·다진 마늘·참기름·깨소금 2큰술씩, 후춧가루 약간

만드는 방법

1. 갈비는 살에 잔칼집을 넣어 찬물에 3시간 정도 담가 핏물을 빼요.

2. 냄비에 맛국물 재료를 넣고 끓으면 갈비를 넣어 30분 정도 삶아 건져내고
   국물은 면보에 걸러요.

3. 냄비에 2의 육수와 갈비, 양념 재료를 넣고 뚜껑을 덮어 1시간 정도 끓여요.

4. 무는 사방 2cm 크기로 큼직하게 썰고, 밤과 표고버섯, 대추는 깨끗이 씻어요.

5. 3에 4를 모두 넣고 10분쯤 더 끓여요.

6. 마지막에 꿀을 넣고 고루 섞어요.

소고기애느타리장조림

Recipe

소고기애느타리
장조림

재료

소고기 우둔살 300g, 애느타리버섯 200g, 꽈리고추 15개, 마늘 5쪽
건고추 1개, 물 2½컵, 통후추 ½큰술

조림장

육수 2컵, 간장·청주·설탕 ⅓컵씩, 맛술 ¼컵, 꿀 1큰술

만드는 방법

1. 소고기는 찬물에 30분 정도 담가 핏물을 뺀 뒤 키친타월로 물기를 제거해요.

2. 냄비에 물을 붓고 끓으면 고기와 마늘, 건고추, 통후추를 넣고 30분쯤 삶아요.

3. 고기가 다 익으면 건져 식히고, 육수는 면보에 걸러요.

4. 버섯은 가닥가닥 떼어내고, 꽈리고추는 포크로 찔러 구멍을 내요. 삶은 고기는
   손으로 가늘게 찢어요.

5. 냄비에 3의 육수와 조림장 재료, 고기를 넣고 20분 정도 조려요.

6. 여기에 버섯을 넣고 5분 정도 더 조리다가 꽈리고추를 넣고 2분쯤 조려요.

Tip. 고기를 푹 삶아 간장을 넣고 조리면 냉장고에 넣어두어도 육질이 부드럽게 유지돼요.
     버섯과 꽈리고추 외에 메추리알이나 달걀을 삶아 같이 조려도 맛있어요.

바싹불고기

Recipe

바싹불고기

재료

소고기(불고기용) 300g, 부추 30g, 양파 ½개, 설탕 1큰술, 포도씨유·통깨 약간씩

양념

간장 2½큰술, 배즙·꿀·다진 파 1½큰술, 참기름 1큰술씩
맛술·다진 마늘 ½큰술씩

만드는 방법

1. 소고기는 키친타월로 핏물을 제거한 뒤 양념에 버무려 30분쯤 재워요.

2. 부추는 4cm 길이로 썰고, 양파는 곱게 채 썰어요.

3. 달군 팬에 포도씨유를 두르고 양파를 볶아요.

4. 양파가 거의 익으면 부추를 넣어 살짝 볶아내요.

5. 4의 팬에 설탕을 넣고 녹으면서 거품이 나면 재운 고기를 넣어 고루 눌러가며
   바싹 구워요.

6. 접시에 볶은 양파와 부추를 깔고 구운 고기를 올린 다음 통깨를 뿌려요.

Tip. 설탕이 갈색이 나도록 살짝 태운 뒤 고기를 볶아 색을 내야 고기에 코팅이 되어
육즙이 빠져나오지 않아요.

든든한 고기와 매콤한 고추의 맛

소고기꽈리고추볶음

Recipe

재료

소고기 홍두깨살(채 썬 것) 200g
꽈리고추 10개, 홍고추 1개, 포도씨유 ⅓큰술
통깨 ½작은술, 소금 약간

양념

청주 1큰술, 간장·설탕 1작은술씩
참기름 ½작은술, 후춧가루 약간

만드는 방법

1. 소고기는 키친타월로 핏물을 제거한 뒤 양념에 버무려 10분쯤 재워요.

2. 홍고추는 송송 썰고, 꽈리고추는 꼭지를 떼어낸 뒤 포크로 찔러 구멍을 내요.

3. 달군 팬에 포도씨유를 두르고 재운 고기를 볶다가 거의 다 익으면 꽈리고추, 홍고추를 넣어 볶아요. 소금으로 간을 맞추고 살짝 볶은 뒤 통깨를 뿌려요.

Tip.

꽈리고추 대신
파프리카나 부추를
넣어도 좋아요.

기름지지 않는 고소한 맛

육전

Recipe

Tip.

소고기는 기름기가 없는
부위로 고르세요.
간이나 허파로 전을 부쳐
먹어도 좋아요.

재료

소고기 우둔살(편으로 썬 것) 200g
달걀 2개, 밀가루·포도씨유 적당량씩
소금·후춧가루 약간씩

양념간장

매실액 ½큰술, 식초 1½작은술
다진 마늘·간장 1작은술씩
연겨자 ½작은술, 통깨 약간

만드는 방법

1. 소고기는 키친타월로 핏물을 제거한 뒤 후춧가루, 소금을 뿌려 밑간해요.

2. 양념간장 재료는 고루 섞고, 달걀은 곱게 풀어요.

3. 달군 팬에 포도씨유를 두르고 밑간한 소고기에 밀가루, 달걀물을 입혀 앞뒤로
   노릇하게 지진 뒤 양념간장을 곁들여요.

불고기샐러드

Recipe

불고기샐러드

재료

소고기(샤브샤브용) 150g, 영양부추·참나물 40g씩, 어린잎채소·쌈채소 30g씩
적양파 ¼개, 포도씨유 약간

소고기 밑간

청주·양파즙·배즙·간장 1큰술씩
맛술·꿀·참기름 ½큰술씩, 씨겨자·통깨 ½작은술씩

드레싱

간장·설탕 2큰술씩, 청주·맛술·고춧가루·식초·참기름 1큰술씩, 연겨자 1작은술

Tip.

한 끼 식사로도 제격인
한식 샐러드예요.
신선한 제철 채소나
냉장고에 있는 자투리
채소로 만들기 좋은
메뉴지요.

만드는 방법

1. 소고기는 키친타월로 핏물을 제거한 뒤 밑간해서 10분쯤 재워요.

2. 영양부추, 참나물, 쌈채소는 한입 크기로 잘라 어린잎채소와 함께 깨끗이 씻어
   물기를 빼요.

3. 적양파는 동그랗게 슬라이스해 찬물에 담가두었다가 물기를 빼요.

4. 드레싱 재료를 고루 섞은 다음 손질한 채소를 넣어 버무려요.

5. 달군 팬에 포도씨유를 두르고 재운 고기를 바싹 구워 식혀요.

6. 그릇에 고기와 채소무침을 담아내요.

아롱사태냉채

Recipe

아롱사태냉채

Tip.
한 끼 식사로도 좋은
한식 샐러드예요.
신선한 제철 채소나
냉장고에 있는 자투리
채소를 이용해도 돼요.

재료
소고기 아롱사태(덩어리) 300g
치커리·비타민 50g씩, 깻잎 2장
오이 1개, 청피망·홍피망 ½개씩
양파 ¼개, 양상추 ⅛통

맛국물
생강편 4쪽, 대파(잎 부분) 2대
청주 1½큰술, 통후추 ½작은술

고기양념장
간장 2큰술, 설탕 1큰술, 청주·배즙
½큰술씩, 씨겨자 ½작은술, 생강즙
¼큰술, 후춧가루 약간

채소소스
올리브유 2½큰술, 간장 2큰술
설탕 1½큰술, 식초·다진 파·다진
풋고추·홍고추·통깨 1큰술씩
참기름·다진 마늘 ½큰술

만드는 방법

1. 소고기는 덩어리로 준비해 30분쯤 찬물에 담가 핏물을 빼고 실로 전체를 감아 묶어요.

2. 냄비에 고기, 맛국물 재료, 고기가 잠길 정도의 물을 넣고 1시간쯤 약불로 삶아 건져요.

3. 고기양념장, 채소소스 재료는 각각 섞어 냉장고에 넣어둬요.

4. 피망과 양파, 깻잎은 채 썰고, 오이는 동그랗게 저며 썰어요.

5. 양상추와 치커리는 먹기 좋은 크기로 썰어요.

6. 접시에 0.3cm 두께의 편으로 썬 고기와 채소를 담고 고기양념장과 채소소스를 각각 뿌려요.

옛날잡채

Recipe

옛날잡채

Tip.

당면은 물에 불리지 말고
삶아서 물기를 뺀 뒤 수분이
없어질 때까지 볶으면
꼬들꼬들하고 퍼지지 않아요.
또 채소는 살짝 볶아야 색이
살아있어 먹음직스러워요.

재료

당면 150g, 소고기 우둔살(채 썬 것) 80g, 불린 목이버섯 25g, 표고버섯 2개
청피망·홍피망·양파 ½개씩, 포도씨유 2큰술, 참기름·통깨 1큰술씩, 소금 ⅓작은술

고기 밑간

간장 1큰술, 설탕·청주 1½큰술씩, 다진 파 1큰술, 맛술·참기름 ½큰술씩
다진 마늘 ½작은술, 후춧가루 약간

당면 밑간

황설탕·간장 2큰술씩, 청주·맛술·포도씨유·참기름 1큰술씩

만드는 방법

1. 표고버섯은 저미고, 피망과 양파는 채 썰고, 소고기는 키친타월에 올려 핏물을
   빼요.

2. 소고기와 표고버섯, 고기 밑간 재료를 고루 버무려 30분쯤 재워요.

3. 냄비에 물을 넉넉히 붓고 끓으면 포도씨유를 넣고 당면을 5~6분 삶아 찬물에
   헹군 뒤 체에 건져 물기를 빼요.

4. 팬에 당면 밑간 재료를 넣고 끓으면 삶은 당면을 넣고 수분이 없어질 때까지 볶아
   식혀요.

5. 달군 팬에 포도씨유를 두르고 양파, 피망, 표고버섯, 불린 목이버섯, 재운 소고기
   순으로 각각 볶아낸 뒤 펼쳐서 식혀요.

6. 5의 볶은 재료에 소금, 참기름, 통깨를 넣고 고루 버무려요.

양지쌀국수

Recipe

양지쌀국수

Tip.
소스에 멸치액젓 대신
피시소스를 넣어도 좋아요.
이때 숙주를 듬뿍 올리고
고수 한 줄기를 곁들이면
태국식 쌀국수로도 즐길 수
있답니다.

재료
소고기 양지·숙주 300g씩, 쌀국수
½봉, 청양고추 5개, 홍고추 2개

맛국물
무 100g, 통마늘 6쪽, 월계수잎 3장,
월남고추 2개, 양파 ½개, 대파 1½대
생강 1쪽, 물 10컵

국물 양념
국간장 1½큰술, 꽃소금 1큰술
설탕·간장 ½큰술씩

소스
멸치액젓·식초 2큰술씩, 설탕·육수
1½큰술씩, 다진 청양고추·핫소스
1작은술씩, 다진 마늘 ½작은술

만드는 방법

1. 소고기는 찬물에 30분쯤 담가 핏물을 빼고 냄비에 맛국물 재료와 함께 넣고 센
   불에서 20분, 약불로 30분 정도 삶은 뒤 고기는 건져내고 육수는 면보에 걸러요.

2. 냄비에 1의 육수와 국물 양념을 넣고 5분 정도 끓여요.

3. 숙주는 깨끗이 씻어 물기를 빼고, 청양고추와 홍고추는 곱게 다져요.

4. 1의 삶은 고기가 완전히 식으면 얇게 편으로 썰어요.

5. 소스 재료는 고루 섞어요.

6. 쌀국수는 찬물에 살짝 불려 부드러워지면 끓는 물에 1~2분 삶아서 찬물에 헹궈요.

7. 그릇에 삶은 쌀국수를 담고 고기, 숙주, 다진 고추를 올린 다음 2의 뜨거운
   육수를 붓고 소스를 곁들여요.

떡갈비

Recipe

떡갈비

재료
다진 소고기 300g, 다진 애느타리버섯 50g, 포도씨유·녹말가루 약간씩

떡갈비 양념
녹말가루 1½큰술, 다진 마늘·청주·굴소스 1큰술씩, 생강즙·참기름 ½큰술씩
다진 양파 2작은술, 간장 1작은술, 설탕 ½작은술, 소금·후춧가루 약간씩

조림장
올리고당 1½큰술, 설탕·간장·참기름·물 ½큰술씩

만드는 방법

1. 소고기는 키친타월로 핏물을 제거한 뒤 떡갈비 양념, 다진 애느타리버섯과 섞어
   끈기 있게 치대요.

2. 1의 반죽을 지름 10cm, 두께 1.5cm 크기로 동글납작하게 빚어 겉면에
   녹말가루를 살짝 묻혀요.

3. 달군 팬에 포도씨유를 두르고 2를 넣어 센 불에서 앞뒤로 노릇하게 구운 뒤
   약불로 줄여 속까지 고루 익혀요.

4. 팬에 조림장 재료를 넣고 약불에 올려 끓기 시작하면 3을 넣어 앞뒤로 윤기 나게
   조려요.

Tip. 다진 소고기와 버섯을 섞은 반죽을 끈기 있게 오래 치대면 팬에 구울 때 으스러지지 않아
모양이 잘 잡혀요.

3. 닭고기

아무리 먹어도 질리지 않는 닭 요리. 매운 소스,
간장소스, 달콤한 칠리소스, 얼큰한 찜닭까지. 어떤
조리법으로 요리를 해도 푸짐한 한 상 차림이 되는
닭고기는 행복한 요리교실의 단골 식재료예요.
튀기거나 조리거나 찌는 조리법과 소스에 따라
무궁무진한 맛과 영양을 뽐내는 닭고기 요리는
만드는 사람의 취향에 따라 훌륭한 요리가 완성되어
요리교실에서 매우 인기가 좋답니다.

다리살
닭다리에서 뼈를 발라내고
살코기만 먹을 수 있게 가공한
거예요.

생닭
익히지 않은 상태의 닭으로 부화한 지
4~8주 정도 된 것을 영계라 하는데요.
영계는 암수 구분 없이 백숙용으로
좋아요.

가슴살
닭고기 부위 중 가장 살코기가 많고
뼈가 없는 것이 특징이에요. 지방이 적고
단백질이 풍부해서 다이어트 식품으로
제격이죠.

안심
닭가슴살 안쪽에 얇은
막으로 분리된 부위인데
육질이 연한 것이
특징이에요.

부위

닭다리(북채)
닭의 무릎 관절에서 발목까지의
부위로 식감이 쫄깃해요. 다리살 또는
'북채(Drumstick)'라고도 해요.

닭봉
닭날개의 바로 윗부분으로 뼈에 살이 많이
붙어 있는 편이에요. 움직임이 많은 부위라
식감이 쫄깃해서 맛이 좋아요.

닭날개
날개 끝 부분으로 지방 함량이 낮아요.
콜라겐이 풍부해서 피부 노화 방지에
좋아 여성들에게 특히 인기죠.

선택

절단 부위가 붉은 갈색이나 노란색
을 띠고 기름이 누렇게 변한 것은
선도가 떨어지는 거예요. 살이 분
홍색을 띠고 껍질은 크림색인 것이
신선하답니다.

손질

남아 있는 닭털과 기름기는 깨끗
이 제거한 뒤 조리하세요. 껍질
에는 콜라겐이 풍부하답니다.

보관

닭고기는 다른 고기에 비해 육질이 부드
러워 냉동 보관하면 맛이 떨어져요. 구
입 후 냉장실에 넣어두고 하루 이틀 안
에 조리해 먹는 게 좋아요.

닭한마리

Recipe

닭한마리

재료

닭(중) 1마리, 칼국수 면 120g, 부추 20g, 감자 2개, 양파 ½개, 대파 2대
생강 1쪽, 통후추 10알, 소금 1큰술

국물

닭 삶은 국물 8컵, 다진 마늘·청주 2큰술씩, 참치액젓 1큰술

소스

간장 3큰술, 물 2큰술, 식초 1½큰술, 설탕 1큰술, 연겨자 2작은술, 다진 마늘 약간

만드는 방법

1. 닭은 배를 가르고 안에 붙어 있는 기름기를 제거해요.

2. 냄비에 물을 넉넉히 붓고 생강과 통후추, 소금을 넣어 물이 끓으면 손질한 닭을
   넣고 10분 정도 삶아요.

3. 삶은 닭은 건져내 먹기 좋은 크기로 토막 내고, 국물은 면보에 걸러요.

4. 양파는 채 썰고, 부추는 3cm 길이로 썰어 소스에 버무려요.

5. 감자는 1cm 두께로 동그랗게 썰고, 대파는 10cm 길이로 썰어요.

6. 냄비에 국물 재료와 감자, 대파를 넣고 끓이다가 토막 낸 닭고기를 넣어요.

7. 국물이 끓으면 4를 곁들여 먹고 마지막에 칼국수 면을 넣어 익혀 먹어요.

찹쌀누룽지백숙

Recipe

찹쌀누룽지백숙

<u>재료</u>

영계 2마리, 엄나무 30g, 당귀 10g, 대추 5개, 마늘 5쪽, 수삼 1뿌리
물 2.5ℓ, 찹쌀 2컵

<u>밥 양념</u>

물 2컵, 간장·청주 참기름 1큰술씩, 소금 1작은술, 설탕 약간

<u>만드는 방법</u>

1. 찹쌀은 2시간쯤 불려 물기를 빼고, 영계는 기름기를 제거해요.

2. 냄비에 물과 당귀, 엄나무를 넣고 센 불에 끓여요.

3. 여기에 손질한 영계와 대추, 마늘, 수삼을 넣고 30~40분 정도 삶아요.

4. 냄비에 불린 찹쌀과 밥 양념을 넣고 센 불에서 5분, 중불에서 10분간 끓인 뒤
   약불에서 10분쯤 뜸을 들여요.

5. 달군 팬에 4의 찹쌀밥을 올려 주걱으로 눌러가며 누룽지를 만들어요.

6. 5의 누룽지를 손바닥 크기로 잘라 3에 넣고 살짝 끓여요.

Tip. 닭의 배 속에 찹쌀, 밤, 인삼, 대추를 넣고 끓이면 삼계탕이 되지요. 국물에 엄나무와 당귀
     같은 한약재를 넣고 끓이다가 닭을 넣으면 육질이 탱탱해져 더욱 맛있어요.

닭고기덮밥

Recipe

닭고기덮밥

재료
밥 2공기, 닭다리살 2쪽, 표고버섯 2개, 호두 5알, 대추 3개, 수삼 1뿌리
오이 ½개, 잣 1큰술, 포도씨유 약간

닭다리살 밑간
청주 ½큰술, 양파즙·배즙 1작은술씩, 소금 약간

조림장
다시마국물 1큰술씩, 간장·올리고당 ½큰술씩, 연겨자 2작은술, 다진 마늘 약간

만드는 방법

1. 닭다리살은 가위로 기름기를 제거한 뒤 한입 크기로 잘라요.

2. 1을 밑간해 10분쯤 재운 뒤 달군 팬에 포도씨유를 두르고 노릇하게 구워요.

3. 표고버섯은 0.5cm 크기로 깍둑썰기 하고, 대추는 돌려 깎아서 3~4등분해요.

4. 오이는 얇게 저며 썰어 소금에 절인 뒤 키친타월로 물기를 제거하고, 수삼은
   어슷하게 썰어요.

5. 달군 팬에 포도씨유를 두르고 오이를 살짝 볶아낸 다음 호두, 잣, 수삼, 대추를
   넣어 살짝 볶아요.

6. 팬에 조림장 재료와 구운 닭고기를 넣고 조려 조림장이 거의 다 졸아들면
   표고버섯을 넣어 바짝 조려요.

7. 그릇에 밥과 6, 5의 절반을 고루 섞어 담고 나머지 반은 밥 위에 올려요.

만들기 간단한 야식
치킨데리야키

Recipe

재료
닭날개 500g, 소금·후춧가루·
포도씨유 약간씩

데리야키소스
간장·맛술·올리고당 2큰술씩, 청주 1큰술
생강 ½큰술, 흑설탕 1작은술

Tip.
닭날개를 팬 대신 오븐에
구우면 기름기가 빠져
칼로리가 낮아지고 좀 더
담백한 맛을 즐길 수
있어요.

만드는 방법

1. 닭날개는 깨끗이 씻어 물기를 빼고 소금, 후춧가루로 밑간해요.

2. 냄비에 데리야키소스 재료를 넣고 약불에 살짝 끓여요.

3. 달군 팬에 포도씨유를 두르고 닭날개를 앞뒤로 노릇하게 바싹 구워내요.

4. 3의 팬에 데리야키소스를 넣어 중불에 살짝 졸인 다음 구운 닭날개를 넣고 색이
   나도록 조려요.

누구나 좋아하는 야식&간식 메뉴

닭강정

Recipe

Tip.
튀긴 닭고기를 양념에 버무릴 때는 재빨리 가볍게 섞어야 닭강정의 바삭함을 살릴 수 있어요.

재료
닭다리살 600g
포도씨유·녹말가루·땅콩가루 적당량씩

닭다리살 밑간
배즙·양파즙 2큰술씩, 소금·후춧가루 약간씩

양념
올리고당 4큰술, 고추기름 3큰술,
토마토케첩·칠리소스·다진 마늘·
생강술·고추장 2큰술씩, 설탕·간장
1큰술씩, 청주·맛술 ½큰술씩
월남고추·청양고추 약간씩

만드는 방법

1. 닭다리살은 기름을 제거하고 밑간해 재워요.

2. 1에 녹말가루를 묻혀 170℃ 포도씨유에 튀겨낸 뒤 180℃에서 한 번 더 튀겨요.

3. 팬에 양념 재료를 넣고 중불에 올려 끓으면 튀긴 닭고기를 넣어 재빨리 버무려요.

4. 닭강정에 땅콩가루를 뿌려요.

출출한 밤에 먹는 야식 메뉴

닭봉오븐구이

Recipe

Tip.

영계 한 마리를 통으로
굽거나 날개, 다리만
구워도 좋아요.

재료

닭봉 500g, 청주 2큰술
소금·후춧가루 약간씩

마늘소스

마늘 10쪽, 간장·물·올리고당 2큰술씩
설탕·식초 1큰술씩

만드는 방법

1. 닭봉은 깨끗이 씻어 소금, 후춧가루, 청주로 밑간해 1시간쯤 재워요.

2. 굵게 다진 마늘과 분량의 재료를 섞어 마늘소스를 만들어요.

3. 밑간한 닭봉은 마늘소스에 버무려 지퍼백에 담아 냉장고에서 5시간 정도 재워요.

4. 200℃로 예열한 오븐에 3의 닭봉을 넣고 30분간 구워요. 중간에 바닥에 흐른
   마늘소스를 덧바르세요.

수삼으로 건강을 더한 냉채

수삼닭가슴살냉채

Recipe

재료
닭가슴살 100g, 수삼 1뿌리
청주 약간, 어린잎채소 적당량

소스
간장 4큰술, 식초 3큰술, 설탕 2큰술
머스터드 1큰술

Tip.
닭가슴살은 찬물에 넣어 삶아
80% 정도 익으면 불을 끄고
뚜껑을 덮어 남은 열로 익혀야
식감이 부드러워요. 수삼 대신
오이 등 자투리 채소를
이용해도 좋아요.

만드는 방법

1. 닭고기는 냄비에 청주, 물과 함께 넣어 삶은 뒤 식혀서 잘게 찢어요.

2. 수삼은 곱게 채 썰고, 어린잎채소는 깨끗이 씻어요.

3. 분량의 재료를 섞어 소스를 만들어요.

4. 닭가슴살과 수삼, 소스를 버무려 그릇에 담고 어린잎채소를 곁들여요.

도시락과
술안주 메뉴로 제격

닭꼬치구이

Recipe

닭꼬치구이

재료

닭고기 안심 300g, 대파(흰 부분) 2대, 녹말가루 적당량, 다진 땅콩·포도씨유 약간씩

닭고기 밑간

청주 1작은술, 다진 생강 ½작은술, 소금 ⅓작은술, 후춧가루 약간

소스

월남고추 4개, 올리고당 8큰술, 토마토케첩·청주 4큰술씩, 고추기름·고추장·
다진 마늘 2큰술씩, 간장·맛술 1큰술씩, 설탕 2작은술, 매실액·생강즙 1작은술씩

만드는 방법

1. 냄비에 소스 재료를 넣고 중약불로 30분쯤 졸여요.

2. 대파는 2cm 길이로 썰고, 닭고기는 2cm 크기로 썰어 밑간해 20분간 재워요.

3. 꼬치에 닭고기와 대파를 번갈아 끼워요.

4. 3의 겉면에 녹말가루를 묻힌 뒤 달군 팬에 포도씨유를 두르고 앞뒤로 노릇하게
   구워요.

5. 닭고기가 익으면 1의 소스를 바르고 다진 땅콩을 뿌려요.

Tip. 닭꼬치소스에 프라이드치킨을 버무리면 새콤달콤한 양념치킨을 즐길 수 있어요.

안동찜닭

Recipe

안동찜닭

재료

닭다리 600g, 시금치 200g
당면 100g, 청양고추 5개, 건고추 3개
감자 2개, 양파 1개, 당근 ½개
대파 1대, 참기름 1큰술

양념

물 1컵, 간장 5큰술, 올리고당·설탕
2큰술씩, 다진 마늘·굴소스·청주·맛술
1큰술씩, 중국간장 ½큰술, 다진 생강
1작은술, 후춧가루 ¼작은술

만드는 방법

1. 닭다리는 깨끗이 씻어 3번 정도 칼집을 넣고, 당면은 찬물에 담가 불려요.

2. 냄비에 물 1컵을 붓고 끓으면 닭다리를 넣어 5분쯤 데쳐 겉만 익힌 뒤 찬물에 헹구어 기름기를 빼요.

3. 감자와 당근은 사방 3cm 크기로 썰어 모서리를 둥글리고, 양파도 3cm 크기로 썰어요. 고추는 3cm 길이로 썰고, 대파는 어슷하게 썰어요.

4. 냄비에 데친 닭다리와 양념을 넣고 뚜껑을 덮어 5분 정도 끓여요.

5. 여기에 감자와 당근, 양파를 넣고 중불로 30분쯤 끓여요.

6. 닭고기가 다 익으면 불린 당면을 넣고 5분간 끓여요.

7. 고추와 대파를 넣고 살짝 끓인 뒤 불을 꺼요.

8. 깨끗이 씻은 시금치를 넣고 뚜껑을 덮어 익혀요.

Tip. 시금치는 불을 끈 뒤에 넣어 살짝 익히는 것이 좋아요.
시금치 대신 청경채를 넣어도 맛있답니다.

닭갈비

Recipe

닭갈비

재료

닭다리살 500g, 양배추·고구마 250g, 떡볶이 떡 200g, 깻잎 20장
청양고추·홍고추 2개씩, 양파 1개, 포도씨유 2큰술

양념

고추장·고운 고춧가루·생강즙·다진 마늘 3큰술씩, 간장·물엿 2큰술씩
연겨자·맛술·청주·설탕 1큰술씩, 소금 $\frac{1}{4}$작은술, 후춧가루 약간

만드는 방법

1. 닭고기는 기름기를 제거하고 한입 크기로 썰어요.

2. 양념 재료를 고루 섞은 뒤 절반만 덜어 닭고기에 넣고 버무려요.

3. 양배추와 고구마, 양파는 사방 3~4cm 크기로 썰고, 고추는 어슷하게 썰어요.
   깻잎은 깨끗이 씻어 물기를 빼요.

4. 달군 팬에 포도씨유를 두르고 닭고기와 고구마, 남은 양념의 $\frac{1}{2}$을 넣어 볶아요.

5. 떡볶이 떡은 한 개씩 떼어 물에 담가둬요.

6. 4의 닭고기가 80% 정도 익으면 떡볶이 떡, 양배추, 양파, 남은 양념을 넣고
   골고루 볶아요.

7. 닭고기가 다 익으면 고추를 넣고 좀 더 볶은 뒤 불을 끄고 깻잎을 넣어 가볍게
   섞어요.

Tip. 양념에 재운 닭다리살만 구워 뜨거운 밥에 얹어 덮밥으로 먹어도 좋아요.

기스면

Recipe

기스면

재료

닭(중) 1마리, 생면 200g, 청경채 2포기, 생강 2쪽, 대파(흰 부분) 1대
굴소스·참치액젓 1½큰술씩, 포도씨유 약간

맛국물

마늘 5쪽, 생강 1쪽, 대파(흰 부분) 1대, 양파 ½개, 물 10컵, 통후추 1작은술

만드는 방법

1. 닭은 깨끗이 손질해 냄비에 맛국물 재료와 함께 넣고 중불로 40분쯤 삶아요.

2. 1의 닭을 건져 살만 발라두고, 육수는 면보에 걸러요. 대파와 생강은 채 썰어요.

3. 냄비에 포도씨유를 두르고 대파와 생강을 볶다가 2의 육수를 부어요.

4. 굴소스와 참치액젓으로 간을 맞춘 뒤 청경채를 넣고 한소끔 끓으면 불을 꺼요.

5. 생면은 끓는 물에 1~2분 삶아 찬물에 헹궈요.

6. 그릇에 생면을 담고 4의 뜨거운 육수를 부은 뒤 닭고기를 올려요.

Tip. 발라둔 닭고기를 소금, 후춧가루, 깨소금에 버무리면 맛이 고소한 샐러드가 돼요.

닭매운탕

Recipe

닭매운탕

Tip.
닭고기를 끓는 물에 살짝
데쳐 찬물에 재빨리 헹궈
조리하면 육질이 탱탱해지고
기름기도 제거돼요.
단호박을 넉넉히 넣으면
깊고 자연적인 단맛이 더
진해져요.

재료

닭(중) 1마리, 깻잎 20장, 감자 4개, 양파 1개, 당근 ½개, 단호박 ¼개, 대파 ½대
물 1컵, 들깻가루 3큰술, 소금·후춧가루·청주·소금 약간씩

양념

간장 4큰술, 고추장 3큰술, 고춧가루·맛술 2큰술씩
참치액젓·올리고당·설탕·다진 마늘 1큰술씩, 생강즙 ½작은술

만드는 방법

1. 감자와 당근, 단호박은 3~4cm 크기로 썰어 모서리를 둥글려요.
   양파는 사방 3cm로 썰고, 대파는 어슷하게 썰고, 깻잎은 깨끗이 씻어요.

2. 닭은 기름기를 제거한 뒤 토막 내어 소금, 후춧가루, 청주로 밑간해 10분쯤 재워요.

3. 냄비에 물을 붓고 끓으면 재운 닭고기를 넣어 겉만 익으면 건져내요.
   중간에 거품은 걷어내세요. 데친 닭고기는 찬물에 씻고, 육수는 체에 걸러 냄비에
   담아요.

4. 육수 냄비에 닭고기와 양념, 감자, 당근, 단호박, 양파를 넣고 센 불에 올려
   국물이 걸쭉해지도록 끓여요.

5. 소금으로 간한 뒤 대파, 깻잎, 들깻가루를 넣고 살짝 끓여요.

4. 오징어

오징어는 소고기의 10배, 우유의 47배나
되는 타우린 성분을 지닌 식품이에요.
저는 늘 식재료를 설명하는 것으로 수업을
시작하는데 유독 오징어 요리만 나오면
목소리에 더욱 힘이 실린답니다. 그만큼
오징어에는 영양 성분이 풍부하거든요.
두뇌 발달 및 치매 예방이 대표적인
효능 중 하나인데요. DHA, EPS가 많이
함유되어 뇌 기능을 발달시켜 학습 및
기억 능력을 높이고 치매를 예방한답니다.

물오징어
우리나라 연안에서 잡은 것과 원양에서 잡아 올린 오징어가 있어요.

부위

오징어채
오징어 몸통의 껍질을 벗기고 숙성 가공하여 실타래처럼 가늘게 썬 것이에요.

진미채
오징어를 잘게 찢어 그늘에서 자연 건조하거나 기계로 말린 가공식품이에요. 술안주로도 그만이고 오징어채볶음 같은 반찬을 만들어도 좋아요.

손질

선택

몸통이 유백색이며 투명하고 윤기가 나고 살이 탄력 있는 것이 좋아요.

몸통을 가르고 내장과 뼈, 입과 눈을 제거한 다음 굵은소금을 뿌리고 바락 바락 주물러 흐르는 물에 씻어요.

보관

손질해서 밀봉하여 바로 먹을 것은 냉장 보관하고 나중에 쓸 것은 냉동 실에 넣어 얼려요.

오징어뭇국

Recipe

오징어뭇국

재료
오징어 1마리(200g), 무 100g, 두부 ⅓모, 대파 ⅓대, 홍고추 ½개, 양파 ¼개
물 2컵, 소금 ½작은술

양념
고춧가루·다진 마늘·참치액젓 1큰술씩, 고추장·참기름 ½큰술씩

만드는 방법

1. 오징어는 손질 후 1×5cm 크기로 썰고, 무는 사방 3cm 크기로 얄팍하게 썰어요.

2. 두부는 3×4×1cm 크기로 썰어요. 대파와 홍고추는 어슷하게 썰고, 양파는 0.5cm 두께로 채 썰어요.

3. 냄비에 오징어와 무, 양파, 양념을 넣고 약불에 올려 2분 정도 볶아요.

4. 여기에 물을 붓고 15분쯤 끓인 뒤 두부를 넣고 5분 정도 더 끓여요.

5. 4에 대파와 홍고추를 넣고 살짝 끓인 뒤 소금으로 간해요.

Tip. 오징어와 무, 양파를 먼저 볶다가 물을 부어 끓이면 국물 맛이 더 깊어져요.

오징어의 맛과 향을 살린 반찬

물오징어조림

Recipe

Tip.
꽈리고추는 마지막에 불을
끈 다음 넣어야 푸릇한
색이 살아있어요.

재료
오징어(중) 2마리, 꽈리고추 10개, 포도씨유
1큰술, 다진 마늘 ½큰술, 통깨·참기름 약간씩

조림장
고추장 2큰술, 설탕 1½큰술
간장·맛술 ½큰술씩,
참치액젓 1작은술

만드는 방법

1. 오징어는 깨끗이 손질해 동그란 모양을 살려 1cm 두께로 썰고, 꽈리고추는
   포크로 구멍을 내요

2. 조림장 재료는 고루 섞어요. 달군 팬에 포도씨유를 두르고 다진 마늘을 볶아요.

3. 여기에 오징어를 넣어 볶다가 거의 익으면 조림장을 넣고 조려요.

4. 국물이 자작하게 졸면 불을 끄고 꽈리고추와 통깨, 참기름을 넣어 섞어요.

오징어양파초무침

Recipe

오징어 1마리. 양파·오이 ½개씩, 참기름·통깨 약간씩

고추장·식초·올리고당·맛술·설탕 1큰술씩, 고춧가루 ½큰술
간장·다진 마늘 1작은술씩

1. 오징어는 반 잘라 내장을 제거하고 끓는 물에 살짝 데쳐 5×0.5cm 크기로 썰어요.
2. 양파는 채 썰고, 오이는 길이로 반 갈라 어슷하게 썰어요.
3. 양념 재료는 고루 섞어요.
4. 오징어와 양파, 오이, 3의 양념을 고루 버무린 다음 참기름, 통깨를 넣어요.

Tip.
오징어가 없을 때는 양파와
오이만 무쳐 먹어도 좋아요.
매콤한 소스와 맛이 잘
어우러진답니다.

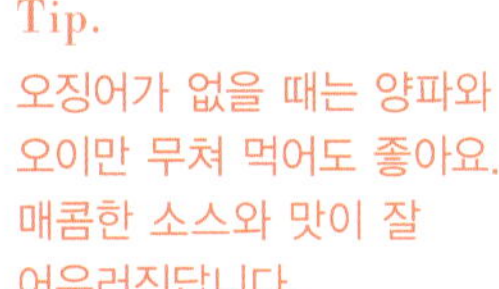

두고두고 먹는 짭조름한 밑반찬

오징어장똑똑이

Recipe

Tip.

냉동실에 보관해둔 반건조
오징어는 물에 30분 정도 불려야
원하는 모양으로 칼집을 낼
수 있어요. 너무 오래 볶으면
딱딱해지니 색이 날 정도로만
가볍게 볶으세요.

재료

반건조 오징어 1마리, 월남고추 2개
포도씨유·통깨 ½큰술씩, 참기름 ⅓작은술

양념장

간장 1½큰술, 설탕·생강술 1큰술씩
올리고당 1작은술, 참기름 ⅓작은술

만드는 방법

1. 반건조 오징어는 몸통 전체에 사선으로 잔칼집을 넣고 0.5×5cm 크기로 썰고, 다리도 잔칼집을 넣어 5cm 길이로 썰어요.

2. 달군 팬에 포도씨유를 두르고 오징어를 넣어 중불에서 1분 정도 볶아요.

3. 여기에 양념장을 넣고 4분 정도 볶아요.

4. 양념장이 거의 졸아들면 월남고추와 통깨, 참기름을 넣고 버무려요.

깻잎 향 가득한 오징어 요리

통오징어깻잎조림

Recipe

Tip.

오징어 속에 깻잎 대신
고추장소스와 잘 어울리는
쑥갓을 넣으면 향이
잘 어우러져 맛이 좋아요.

재료

오징어(소) 2마리, 깻잎 10장

양념

고추장·고춧가루·청주·다진 마늘·참기름·설탕·
물엿·레몬즙·간장·통깨 1큰술씩

만드는 방법

1. 오징어는 깨끗이 손질한 뒤 다리를 자르고, 깻잎은 1cm 폭으로 채 썰어요.

2. 손질한 오징어에 깻잎을 채워 넣어요.

3. 팬에 양념 재료를 섞어 넣고 중약불에 올려요.

4. 양념이 끓으면 오징어를 넣고 굴려가며 조려요.

매운오징어우동볶음

Recipe

매운오징어
우동볶음

오징어 1마리, 냉동 우동 1봉, 청양고추 1개, 홍고추 ½개, 애호박·양파 ½개씩
대파 ½대, 포도씨유 2큰술

고춧가루·올리고당 1½큰술씩, 간장·참치액젓 1큰술씩, 맛술·다진 마늘·참기름
½큰술씩, 후춧가루 ½작은술, 깨소금 약간

만드는 방법

1. 오징어는 깨끗이 손질해 몸통 안쪽에 사선으로 잔칼집을 넣고 5cm 길이로 다리와
   같이 잘라요.

2. 애호박은 반달썰기 하고, 양파는 채 썰고, 고추와 대파는 어슷하게 썰어요.

3. 오징어와 애호박, 양파, 양념장 재료를 고루 버무려 30분쯤 재워요.

4. 냉동 우동은 끓는 물에 넣어 삶은 뒤 흐르는 물에 헹궈요.

5. 달군 팬에 포도씨유를 두르고 3을 넣어 센 불에서 볶다가 삶은 우동을 넣고 살짝
   볶아요.

6. 고추와 대파를 넣고 뒤섞어요.

Tip. 다시마국물에 고추장 1큰술을 풀어 끓이면 얼큰한 국물 맛의 해물우동을 즐길 수 있어요.

달콤한 맛의 대표 밑반찬

실오징어채볶음

Recipe

Tip.
오징어채는 재빨리 저어가며
볶아야 모양이 꼬불꼬불하게
볶을 수 있어요.

재료
실오징어채 100g, 다진 파 2큰술
통깨 1큰술, 참기름 1작은술

양념장
올리고당 3큰술, 고추기름 1½큰술
포도씨유·맛술 1큰술씩, 다진 마늘 ½큰술
간장·맛술 1작은술씩

만드는 방법

1. 팬에 양념장 재료를 넣고 약불에 살짝 졸여요.

2. 오징어채는 6cm 길이로 잘라 1에 넣어 버무려요.

3. 2를 약불에서 2분 정도 볶아요.

4. 불을 끄고 다진 파와 참기름, 통깨를 넣어 버무려요.

아몬드로 고소함을 더한 밑반찬

오징어채아몬드조림

Recipe

재료

진미채·슬라이스 아몬드
100g씩, 통깨 약간

조림장

올리고당 3큰술, 고추기름 2큰술, 간장 1½큰술
설탕 1큰술, 청주 2작은술, 생강즙 1작은술

Tip.

진미채를 조리하기 전에
김 오른 찜기에 찌면 소독
효과도 있고 오래 두어도
식감이 부드러워요.

만드는 방법

1. 찜기를 불에 올려 김이 나면 진미채를 넣어 5분 정도 쪄요.

2. 팬에 조림장 재료를 넣고 중약불로 살짝 끓여요.

3. 2에 진미채와 슬라이스 아몬드를 넣고 2~3분 볶다가 불을 끄고 통깨를 뿌려요.

오징어깐풍기

Recipe

오징어깐풍기

오징어(대) 1마리, 튀김가루·다진 파 ⅓컵씩, 물 ⅓컵, 식용유 적당량
참기름·후춧가루 약간씩

A. 마늘편 10개, 생강편 4개, 월남고추 2개, 고추기름·포도씨유 1큰술씩
B. 청주 4큰술, 다진 풋고추·다진 홍고추 1큰술씩
C. 물·간장 4큰술씩, 식초·설탕 3큰술씩

만드는 방법

1. 오징어는 사방 0.5cm 크기로 잘게 썰어요.

2. 튀김가루에 차가운 물을 부어가며 반죽한 뒤 오징어를 넣어 섞어요.

3. 180℃ 식용유에 2의 반죽을 한 숟가락씩 떠 넣어 튀겨요.

4. 달군 냄비에 소스 재료 A를 넣고 볶아 향이 나면 재료 B를 넣어 살짝 볶아요.

5. 여기에 재료 C를 넣고 2분쯤 끓인 뒤 튀긴 오징어를 넣어 섞어요.

6. 5를 불에서 내리고 다진 파와 참기름, 후춧가루를 넣어 살짝 버무려요.

Tip. 동그란 모양을 살려 튀긴 오징어링을 소스에 버무리지 말고 소스를 위에 뿌려 먹으면
색다른 맛의 오징어튀김을 즐길 수 있어요.

오징어파전

Recipe

오징어파전

재료

오징어 1마리, 쪽파 200g, 새우살·조갯살 60g씩, 풋고추 3개, 달걀 2개
홍고추 1개, 포도씨유 적당량

밀가루반죽

박력분 80g, 물 ⅔컵, 녹말가루 1½큰술, 국간장 1작은술, 소금 약간

초간장

간장·식초·물 3큰술씩, 설탕 1큰술, 쪽파(송송 썬 것) 1½큰술

만드는 방법

1. 쪽파는 깨끗이 씻어 머리 부분을 칼 옆면으로 눌러요.

2. 오징어는 0.5cm 폭으로 채 썰고, 새우살과 조갯살은 깨끗이 씻어 물기를 빼요.

3. 박력분과 녹말가루는 체에 내린 뒤 나머지 반죽 재료와 고루 섞어요.

4. 달군 팬에 포도씨유를 넉넉히 두르고 1의 쪽파를 반죽에 담갔다가 팬에 올려요.

5. 반죽 위에 오징어, 새우살, 조갯살을 올리고 반죽을 사이사이에 얹어요.

6. 여기에 어슷하게 썬 고추를 얹고 달걀을 깨트려 넣은 뒤 흰자가 반쯤 익으면
   노른자를 터트려 뒤집어 익혀요.

7. 초간장 재료를 고루 섞어 오징어파전에 곁들여요.

Tip.
모든 해산물을 믹서에 갈아
반죽하면 해산물이 따로
떨어지지 않아 전을 부치기
더 편해요.

오징어채꼬마주먹밥

Recipe

오징어채
꼬마주먹밥

밥 1공기, 진미채·압착 단무지 50g씩

고추장·올리고당 1½큰술씩, 고추기름·맛술 1큰술씩, 간장 ½큰술
마요네즈 ⅔큰술, 다진 마늘 ⅓큰술, 후춧가루 약간

1. 찜기를 불에 올려 김이 나면 진미채를 넣어 5분 정도 쪄요.

2. 쪄낸 진미채를 잘게 다져요.

3. 냄비에 양념을 넣고 끓기 시작하면 다진 진미채를 넣어 조려요.

4. 압착 단무지를 잘게 썰어 밥, 진미채조림과 함께 고루 섞어요.

5. 4의 밥을 한입 크기로 동그랗게 빚어요.

Tip. 주먹밥을 한입 크기로 동글동글 뭉쳐 김가루에 굴리면 진미채와 맛이 잘 어울려요.

5. 조개·전복

"조개로 만들 수 있는 요리가 얼마나 될까요?"
요리교실에서 이런 질문을 하면 처음엔 몇 가지
만 나열하던 회원 분들이 나중에는 쉴새없이 메
뉴를 늘어놓으세요. 모시조개, 홍합, 바지락 등
을 해감한 뒤 요리하면 종류가 다양한 만큼 무
궁무진한 요리를 즐길 수 있지요. 조개와 전복
은 미네랄과 단백질이 풍부한 식품으로 찜이든
국이든 맛깔난 요리가 완성돼요.

모시조개
조개 특유의 냄새가 적고 맛이 부드러워 이런저런 요리에 넣기 좋아요. 국이나 탕을 끓였을 때 시원한 맛을 내는 호박산이 다른 조개에 비해 풍부하지요.

전복
전복은 비타민과 미네랄이 풍부한 영양 식품이죠. 회로 먹어도 맛있고, 죽을 쑤어 먹어도 좋아요.

대합
백합과의 조개인데 회로 먹기도 해요.

바지락
한국 사람들이 가장 많이 먹는 조개로 찌개나 국을 끓일 때 자주 쓰여요.

백합
전복에 버금가는 고급 패류로서 알코올 분해 효과가 있는 타우린과 베타인이 들어 있어 숙취 해소용 국을 끓일 때 좋아요.

조개 껍데기에 광택이 있고 푸르스름한 빛을 띠는 것이 좋아요. 조개껍데기가 벌어진 것은 상한 것이니 피하세요.

전복 살이 탄력 있고 광택이 나는 것이 신선하답니다.

조개 너무 강한 불로 조리하면 단백질이 응고되어 살이 탄력 없고 단단해지므로 서서히 익혀야 제맛을 즐길 수 있어요.

전복 수세미나 솔로 껍데기의 이물질을 제거하고 칼이나 숟가락을 껍데기 사이에 넣어 살을 떼어낸 뒤 내장과 이빨 부분을 제거하세요.

조개 껍질째 단기간 보관할 때는 물기를 완전히 빼서 통풍이 잘되는 어둑한 곳에 두세요. 며칠 보관할 경우 소금물에 담가 어둡고 시원한 곳에 두면 해감도 잘되고 오래 보관할 수 있어요.

전복 전복살을 발라내 적당량씩 밀봉한 뒤 냉동실에 보관해요.

조갯살무밥

Recipe

조갯살무밥

재료

조갯살 100g, 무(4cm) 1토막(200g), 쌀·물 1컵씩, 청주 1큰술

양념장

간장 3큰술, 맛술·참기름·다진 풋고추·다진 홍고추·다진 대파 1큰술씩
다진 마늘 ½작은술, 통깨 약간

만드는 방법

1. 쌀은 잘 씻어서 30분 이상 불려 체에 건지고, 조갯살은 옅은 소금물에 헹군 뒤
   청주를 뿌려 재워요.

2. 무는 0.5cm 두께, 4cm 길이로 채 썰어 양념장에 버무려요.

3. 냄비에 불린 쌀을 넣고 무, 조갯살을 올린 뒤 물을 부어 센 불에 올려요.

4. 밥물이 끓으면 중불로 줄여 5분, 약불로 10분 더 끓인 뒤 불을 끄고 5분간 뜸을
   들여요. 그릇에 밥을 담고 양념장을 곁들여요.

Tip. 무에서 수분이 나오니 쌀밥을 지을 때보다 밥물을 적게 잡아야 해요.

바지락칼국수

Recipe

바지락칼국수

Tip.
칼국수 면은 겉의 밀가루를
털어내고 끓여야 국물이
텁텁해지지 않고 깔끔해요.

재료

칼국수 면 200g, 바지락 1봉, 마늘 2쪽, 표고버섯 1개, 애호박 ⅓개, 양파 ⅓개
대파 ⅓대, 멸치국물 5컵, 청주 1큰술, 국간장 ½작은술, 소금·후춧가루 약간씩

양념장

간장 4큰술, 물 2큰술, 고춧가루·다진 풋고추·다진 홍고추·참기름 1큰술씩
다진 마늘 ½큰술, 통깨 약간

만드는 방법

1. 바지락은 옅은 소금물에 바락바락 문질러 깨끗이 씻어요.

2. 양념장 재료는 고루 섞어요.

3. 애호박과 양파는 0.5cm 두께로 채 썰고, 표고버섯은 저며요.

4. 마늘은 저며 썰고, 대파는 어슷하게 썰어요.

5. 냄비에 멸치국물과 마늘, 청주를 넣고 중불에 올려 끓으면 바지락과 칼국수 면을
   넣고 10분 정도 끓여요.

6. 여기에 애호박, 표고버섯, 양파를 넣고 센 불로 5분쯤 끓여요.

7. 국간장과 소금, 후춧가루로 간한 뒤 대파를 넣어요.

시원한 국물 맛이 일품

모시조개된장국

Recipe

Tip.
조개된장국은 너무 오래
끓이면 된장에서 쓴맛이
나오니 된장을 풀어 넣고
끓기 시작하면 바로 불을
끄세요.

재료
모시조개 200g, 콩나물 100g, 무 50g
풋고추·홍고추 1개씩, 쪽파 3대, 물 4컵

양념
된장 1½큰술,
고추장·다진 마늘 ½큰술씩

만드는 방법

1. 콩나물은 씻어서 물기를 빼고, 무는 2×2cm 크기로 납작하게 썰어요. 고추와
   쪽파는 송송 썰어요.

2. 조개는 옅은 소금물에 담가 해감한 뒤 깨끗이 씻어요.

3. 냄비에 조개와 무, 물을 넣고 끓어오르면 양념을 넣고 5분 정도 끓여요.

4. 여기에 콩나물을 넣고 3분쯤 끓이다가 쪽파와 고추를 넣어요.

야밤의 술안주로 딱
조개탕

Recipe

Tip.
뚜껑을 덮기 전 화이트 와인을
넣으면 와인 향이 조갯살에
은은히 배어 식감이 더
부드러워져요.

모시조개 12개, 백합 6개, 마늘 2쪽, 청양고추 ½개, 물 3컵
청주 1큰술, 소금 약간

만드는 방법

1. 모시조개와 백합은 옅은 소금물에 해감한 뒤 깨끗이 씻어요.
2. 마늘은 저며 썰고, 청양고추는 송송 썰어요.
3. 냄비에 모시조개, 백합, 마늘, 물, 청주를 넣고 뚜껑을 덮어 끓기 시작하면 뚜껑을 열고 거품을 걷어내요.
4. 소금으로 간한 뒤 청양고추를 넣어요.

간단하지만 근사한 메뉴
모시조개청주찜

Recipe

Tip.
조개는 뚜껑을 덮고
센 불로 끓여야 입을 벌려요.
벌어지지 않은 조개는 상한
것이니 일부러 열지 말고
버리세요.

재료
모시조개 400g, 마늘 3쪽, 청양고추 1개, 청주 ⅓컵, 버터 ⅓큰술

만드는 방법

1. 모시조개는 해감한 뒤 깨끗이 씻어요. 마늘은 저며 썰고, 청양고추는 송송 썰어요.

2. 달군 냄비에 버터를 녹이고 마늘을 볶아 향을 내요.

3. 여기에 모시조개와 청양고추, 청주를 넣고 뚜껑을 덮어 센 불로 끓여요.

4. 약불로 줄인 뒤 조개가 모두 입을 벌리면 불을 꺼요.

야들야들 쫄깃한 맛

꼬막무침

Recipe

Tip.

꼬막은 너무 오래 삶으면
질겨지니 끓는 물에 넣고
저어가면서 삶아요. 중간에
생기는 거품은 걷어내야
비린내가 나지 않아요.

재료

꼬막 30개, 홍고추 ½개
오이 ⅓개, 소금 약간

양념장

맛술 2큰술, 간장 1큰술, 된장·고춧가루·다진 파
⅓큰술씩, 다진 마늘 1작은술, 참기름·통깨 약간씩

만드는 방법

1. 양념장 재료는 고루 섞어요. 홍고추는 송송 썰고, 오이는 동글게 저며 썰어요.

2. 꼬막은 해감한 뒤 굵은소금으로 문질러 씻은 다음 소금 넣은 끓는 물에 삶아 입을
   반쯤 벌리면 불을 꺼요.

3. 삶은 꼬막은 찬물에 헹구어 물기를 빼고 살만 발라내요.

4. 꼬막살을 양념장에 버무린 다음 홍고추, 오이를 넣고 섞어요.

1

2

3

4

초고추장소스대합소면

Recipe

초고추장소스
대합소면

소면 150g, 대합 2개, 오이 ⅓개, 양파 ¼개, 깻잎 5장, 청주 약간

고추장·고춧가루 2큰술씩, 식초·설탕 1½큰술씩
맛술·물·다진 마늘·통깨 1큰술씩, 고추냉이 ½큰술, 생강즙 1작은술, 참기름 약간

만드는 방법

1. 대합은 냄비에 담아 잠길 정도로 물을 붓고 청주를 넣어 입이 벌어질 때까지
   삶아요. 다 식으면 대합살을 한입 크기로 썰어요.

2. 소스 재료는 고루 섞어요.

3. 오이와 양파, 깻잎은 0.3cm 폭으로 채 썰어요.

4. 소면은 끓는 물에 삶아서 흐르는 찬물에 비벼가며 녹말기를 뺀 뒤 체에 건져
   물기를 빼요.

5. 삶은 소면을 소스에 버무려요.

6. 그릇에 5의 소면을 담고 채 썬 채소와 대합살을 올려요.

Tip. 소면이 없을 때는 쫄면이나 냉면을 버무려 먹어도 맛있어요.
    여기에 파프리카를 곱게 채 썰어 넣어도 좋고요.

미나리조개무침

Recipe

미나리조개무침

미나리 100g, 조갯살 80g, 양파 ½개, 물 2컵, 청주 1큰술, 들기름 ¾큰술
통깨·소금 약간씩

양념

고추장 1½큰술, 매실청·통깨 ½큰술씩, 된장·다진 마늘·다진 파 1작은술씩
고춧가루 ½작은술

만드는 방법

1. 미나리는 잎을 잘라내고 5cm 길이로 썰고, 양파는 곱게 채 썰어요.

2. 1의 미나리는 끓는 물에 소금을 넣고 데친 뒤 찬물에 헹구어 물기를 빼요.

3. 조갯살은 옅은 소금물에 흔들어 씻은 다음 끓는 물에 청주를 넣고 적당히 삶아
   찬물에 헹궈요.

4. 양념 재료를 고루 섞은 뒤 데친 미나리와 조갯살을 넣어 버무려요.

5. 들기름과 통깨를 넣고 가볍게 섞어요.

Tip. 봄에는 미나리 대신 봄나물을 넣어 무쳐도 좋아요. 냉이나 달래를 곁들이면 특유의
   쌉싸름한 맛이 입맛을 돋운답니다.

조갯살매생이전

Recipe

조갯살매생이전

재료

매생이·부침가루 100g씩, 조갯살 50g, 물 ⅓컵, 다진 파 1큰술
다진 마늘·국간장·청주 1작은술씩, 포도씨유 적당량

만드는 방법

1. 매생이는 옅은 소금물에 여러 번 헹구어 깨끗이 씻고 물기를 꼭 짜서 열십자로
   4등분해요.

2. 조갯살도 옅은 소금물에 헹구어 물기를 빼고 잘게 다져 청주를 뿌려 버무려요.

3. 부침가루와 물, 국간장을 고루 섞은 뒤 매생이, 조갯살, 다진 파와 마늘을 넣고
   반죽해요.

4. 달군 팬에 포도씨유를 두르고 반죽을 떠 넣어 앞뒤로 노릇하게 지져요.

Tip. 매생이와 조개의 비릿한 맛을 잡아주는 마늘을 꼭 넣어야 해요.
    매생이 대신 파래로 만들어도 좋아요.

전복밥

Recipe

전복밥

전복(중) 2개, 물 2½컵, 멥쌀 1컵, 참기름·국간장 1큰술씩

양념장
간장 3큰술, 고춧가루·다진 마늘 ½작은술씩, 통깨·참기름 약간씩

만드는 방법

1. 멥쌀은 30분 이상 불린 뒤 체에 밭쳐 물기를 빼고 양념장을 섞어요.

2. 전복은 껍데기 안쪽에 숟가락을 넣어 살을 떼어낸 다음 입을 자르고 살과 내장은 잘게 썰어요.

3. 달군 냄비에 참기름을 두르고 전복살과 내장을 넣어 볶아요.

4. 여기에 불린 쌀을 넣고 쌀알이 반쯤 투명해질 때까지 볶아요.

5. 4에 물과 국간장을 넣고 뚜껑을 덮어 센 불로 5분쯤 끓이다가 중불로 줄여 5분 더 끓인 뒤 약불로 10분간 뜸을 들여요. 전복밥은 양념장을 곁들여 먹어요.

Tip. 전복살과 내장을 참기름에 볶아 밥을 지으면 풍미가 더욱 살아나요.

전복조림

Recipe

전복조림

Tip.
올리고당은 맨 나중에 넣어야
조림에 윤기가 돌고 다 조린
뒤 전복살이 딱딱해지지
않아요.

재료
전복(대) 10개, 양송이버섯 6개, 포도씨유 1작은술, 소금·후춧가루 약간씩

전복 밑간
물 3큰술, 간장 1½큰술, 청주·맛술 1큰술씩, 소금·후춧가루 약간씩

조림장
마늘 8쪽, 월남고추 5개, 다시마국물 ½컵, 올리고당 3큰술, 맛술 2큰술
국간장·간장·청주 1큰술씩, 다진 생강 ½큰술, 소금·후춧가루 약간씩

만드는 방법

1. 전복은 솔로 문질러 닦은 뒤 살에 격자로 칼집을 넣어요.

2. 1의 전복을 밑간해서 30분쯤 재워요.

3. 끓는 물에 2의 전복을 넣고 10초간 데친 뒤 식으면 숟가락으로 살을 떼어내요.

4. 양송이버섯은 0.3cm 두께로 썰어 달군 팬에 포도씨유를 두르고 볶다가 소금, 후춧가루로 간해요.

5. 냄비에 올리고당을 제외한 조림장 재료를 넣고 끓이다가 올리고당을 넣고 살짝 졸여요.

6. 여기에 데친 전복을 넣고 조리다가 볶은 양송이를 넣고 가볍게 버무려요.

6. 삼치·고등어·갈치

간장소스를 발라 바싹 구운 갈치 한 토막에 밥 한 그릇 뚝딱 비우는 아이 얼굴을 보면 더없이
행복하지요. 한 상 가득 차려 주는 것도 엄마로서 뿌듯하지만 한 가지라도 입에 맞는 음식으로
아이가 즐겁고 맛있게 먹을 수 있다면 충분한 거 같아요. 엄마와 아이의 많은 이야기로
채워지는 밥상, 맛깔난 밥상으로 하루가, 한 달이, 1년이 행복한 날의 연속일 거예요.

고등어
크기가 크고 살이 단단하며
청록색 광택이 돌고 손으로 눌러
탄력이 있는 것이 좋아요.

선택

삼치
표면에 광택이 흐르고 살이
통통하며, 배와 몸 전체가 단단하고
탄력 있는 것이 좋아요.

갈치
은백색 광택이 있고 흠집 없이
탄력이 있으며 살이 단단한
것이 좋아요. 악취가 나지 않는
것을 고르세요.

손질

보관

삼치 머리와 꼬리를 잘라내고
배에 칼집을 넣어 내장을 빼낸
뒤 흐르는 물에 깨끗이 씻어
용도에 맞게 잘라요.

삼치 머리와 내장을 제거하고
깨끗이 씻어 물기를 닦아낸 뒤
토막 내어 굵은소금을 뿌려 지
퍼백에 담아 냉동 보관해요.

고등어 구이를 할 때는 1시간
전에 소금을 뿌려두면 수분이
빠지면서 살이 단단해지고 맛
이 좋아져요. 냉동해둔 고등어
는 냉장실로 옮겨 해동하세요.

고등어 아가미와 내장을 제거
하고 적당한 크기로 손질해 한
번 먹을 분량씩 지퍼팩에 담아
냉동해요.

갈치 겉면에 비늘이 없고 은
백색 가루 같은 물질로 덮여
있는데요. 이 물질은 소화도
안 되고 영양적 가치도 없으니
깨끗이 긁어내고 조리하세요.

갈치 내장을 제거한 뒤 먹기
좋은 크기로 토막 내 굵은소금
을 뿌리고 지퍼백에 담아 냉동
해요.

고등어김치찜

Recipe

고등어김치찜

재료
고등어 1마리, 배추김치 ½포기, 무 100g, 양파 ½개, 풋고추·홍고추 1개씩
다시마국물 1½컵

고등어 밑간
양파즙 1큰술, 청주·매실액·된장 ½큰술씩, 참기름 ½작은술

양념장
다진 파·간장·청주·고춧가루 1½큰술씩, 다진 마늘 1큰술, 설탕·참기름 ½큰술씩
참치액젓 1작은술, 다진 생강 ½작은술

만드는 방법

1. 고등어는 배를 가르고 깨끗이 씻어 3cm 크기로 토막 낸 다음 밑간해요.

2. 양념장 재료는 고루 섞어요.

3. 김치는 양념을 털어내고 살짝 짠 다음 한 장씩 떼어요.

4. 무는 1cm 두께로 납작하게 썰고, 양파는 1cm 폭으로 채 썰어요. 고추는 송송
   썰어요.

5. 냄비에 김치를 깔고 1의 고등어를 올린 다음 양념장을 뿌리고 무, 양파, 고추를
   사이사이에 넣어요.

6. 여기에 다시마국물을 붓고 센 불에서 10분쯤 끓인 뒤 중약불로 줄여 40분 정도
   푹 익혀요.

Tip.
고등어를 김치로 돌돌 말아
찌면 고등어에 김치 맛이
잘 배어 더 맛있어요.

고등어시래기조림

Recipe

고등어시래기조림

재료

고등어 1마리, 불린 시래기 200g, 청양고추 2개, 양파·홍고추 1개씩, 대파 1대
물 1컵

고등어 밑간

청주 2큰술, 생강즙 1작은술, 소금·후춧가루 약간씩

양념장

된장·맛술·들기름 2큰술씩, 고추장·고춧가루·다진 마늘·참치액젓 1큰술씩
간장·설탕 1작은술씩

만드는 방법

1. 양파는 굵게 채 썰고, 고추와 대파는 어슷하게 썰어요.

2. 고등어는 머리를 자르고 배를 갈라 내장을 제거한 뒤 씻어서 4등분해요.

3. 밑간 재료를 섞어 토막 낸 고등어에 뿌려 밑간해요.

4. 양념장 재료는 고루 섞어요.

5. 불린 시래기는 물기를 짠 다음 양념장의 절반을 넣고 버무려요.

6. 냄비에 양념한 시래기, 고등어, 1의 채소를 순서대로 담고 물을 부어 센 불에 10분,
   중약불에 30분 정도 푹 익혀요.

고등어숙주볶음

Recipe

고등어숙주볶음

재료
고등어 1마리, 숙주 200g, 양배추 100g, 양파 ⅓개, 팽이버섯 ½봉
청피망·홍피망 ⅓개씩, 다진 마늘 1큰술, 참기름 1작은술, 녹말가루 약간
포도씨유 적당량

고등어 밑간
청주 2큰술, 생강즙 1작은술, 소금·후춧가루 약간씩

양념장
굴소스 1큰술, 간장 2작은술, 참치액젓 1작은술, 소금 ½작은술, 후춧가루 약간

만드는 방법

1. 고등어는 뼈를 발라내고 사방 3cm 크기로 포를 떠서 밑간한 뒤 30분쯤 재워요.

2. 밑간한 고등어에 녹말가루를 묻혀 180℃ 포도씨유에 바삭하게 튀겨요.

3. 숙주는 꼬리를 다듬고, 팽이버섯은 밑동을 잘라요. 양배추와 양파, 피망은 곱게
   채 썰어요.

4. 달군 팬에 포도씨유를 두르고 다진 마늘, 양파, 숙주, 양배추, 팽이버섯, 피망
   순으로 넣어 볶다가 양념장을 넣고 섞어요.

5. 불을 끄고 참기름을 넣어 버무려요.

6. 접시에 튀긴 고등어를 담고 5의 채소볶음을 올려요.

Tip.
튀기는 과정이 번거롭다면
팬에 기름을 넉넉히 두르고
고등어를 바싹 구워도 돼요.

기본이지만 가장 맛있는 구이

고등어소금구이

Recipe

Tip.
소금에 절여놓은
자반고등어를 이용할
때는 굽기 전 쌀뜨물에
담가두세요. 짠맛도 빠지고
살이 탱탱해져서 더
맛있어요.

재료
고등어 1마리, 청주 1큰술, 굵은소금 ½큰술

만드는 방법

1. 고등어는 배를 갈라 내장을 제거하고 껍질 쪽에 3~4번 칼집을 넣어요.

2. 고등어살에 소금, 청주를 뿌려 30분 정도 재워요.

3. 180℃로 예열한 오븐에 고등어의 껍질 쪽이 위로 오게 넣고 15분간 구워요.

고소한 마요네즈소스가 포인트
삼치마요네즈구이

Recipe

Tip.
담백한 삼치 구이를
마요네즈소스에 찍어
먹어도 좋아요.

재료
삼치 ½마리, 포도씨유 약간

마요네즈소스
마요네즈 3큰술, 설탕·다진 파 1큰술씩
다진 청양고추·씨겨자·레몬즙 ½큰술씩

만드는 방법

1. 삼치는 깨끗이 손질해 8cm 크기로 토막 내요.
2. 달군 팬에 포도씨유를 두르고 삼치의 살 쪽이 아래로 가게 놓고 앞뒤를 노릇하게 구워요.
3. 마요네즈소스 재료는 고루 섞어요.
4. 그릇에 구운 참치를 담고 소스를 끼얹어요.

삼치풋고추조림

Recipe

삼치풋고추조림

재료
삼치 ½마리, 풋고추 4개, 양파 ⅓개, 마늘 2쪽, 포도씨유 1큰술

삼치 밑간
굵은소금·참기름·후춧가루 약간씩

양념장
간장 3큰술, 올리고당 2큰술, 청주·맛술 1큰술씩

만드는 방법

1. 삼치는 1cm 두께의 한입 크기로 썰어요.

2. 1의 삼치를 밑간해 10분쯤 재워요.

3. 고추는 1cm 폭으로 썰고, 양파는 사방 2cm 크기로 썰고, 마늘은 저며 썰어요.

4. 달군 냄비에 포도씨유를 두르고 마늘을 볶아 향을 낸 뒤 양념장 재료를 넣고 끓여요.

5. 여기에 2의 삼치를 넣고 국물이 자작해지도록 졸이다가 삼치가 다 익으면 고추, 양파를 넣고 살짝 조려요.

Tip. 마늘을 먼저 볶아 향을 낸 뒤 양념장 재료를 넣고 끓여야 마늘 향이 은은히 배어 삼치조림이 더 맛있어요.

삼치강정

Recipe

삼치강정

재료

삼치 1마리, 녹말가루 4큰술, 다진 땅콩 2큰술, 포도씨유 적당량

삼치 밑간

소금·청주·참기름·후춧가루 약간씩

양념장

물 5큰술, 올리고당 4큰술, 고추장 2큰술, 토마토케첩 1큰술, 설탕 $\frac{1}{2}$큰술
간장 1작은술

만드는 방법

1. 삼치는 깨끗이 손질해 사방 3cm 크기로 포를 떠요.

2. 1의 삼치살을 밑간해 10분 정도 재워요.

3. 밑간한 삼치에 녹말가루를 묻혀 170℃ 포도씨유에 바삭하게 2번 튀겨내요.

4. 냄비에 올리고당을 제외한 양념장 재료를 넣고 끓여 수분이 거의 없어지면 불을
   끄고 올리고당을 넣어 섞어요.

5. 여기에 튀긴 삼치를 넣고 고루 버무린 뒤 다진 땅콩을 뿌려요.

Tip. 튀긴 삼치를 양념장에 넣고 재빨리 버무리세요. 양념이 완전히 묻는 것보다 살짝 묻어야
바삭한 맛을 즐길 수 있답니다.

갈치무조림

Recipe

갈치무조림

재료
갈치·무 250g씩, 국물용 멸치 10마리, 양파·홍고추 ½개씩, 대파 ½대
고춧가루 ½큰술

양념
A 물 ¼컵, 다진 마늘·국간장·청주·간장·맛술·포도씨유 ½큰술씩
B 물 ¼컵, 맛술 1½큰술, 고춧가루·간장 1큰술씩
　국간장·생강즙·다진 마늘 ½큰술씩, 설탕 1작은술

만드는 방법

1. 갈치는 지느러미와 내장을 제거하고 10cm 길이로 토막 내요. 무는 1cm 두께로
　납작하게 썰고요.

2. 양파는 0.5cm 폭으로 채 썰고, 홍고추와 대파는 어슷하게 썰어요.

3. 양념 A와 B는 각각 재료를 섞어놓고, 국물용 멸치는 머리와 내장을 떼어내요.

4. 냄비에 무를 깔고 고춧가루를 뿌린 다음 멸치, 양념 A를 넣고 중불에 올려요.

5. 4가 끓으면 중약불로 줄여 4분쯤 조린 뒤 갈치, 대파, 양파, 홍고추 순으로 올려요.

6. 여기에 양념 B를 골고루 올리고 중불에서 10분, 약불에서 10분간 끓여요.
　이때 양념장을 골고루 끼얹어가며 끓이세요.

Tip. 무를 고춧가루에 버무려 양념에 조리면 빨리 익고 색깔도 먹음직스러워요.
　　조림 무는 푹 물러야 맛이 좋으니 갈치를 넣기 전에 먼저 살짝 익히세요.

갈치간장구이

Recipe

갈치간장구이

갈치 150g, 마늘 1개, 간장 2큰술, 포도씨유 1큰술

갈치 밑간
청주 1큰술, 굵은소금 1작은술, 생강즙 ½작은술

만드는 방법

1. 갈치는 지느러미와 내장을 제거하고 은색 껍질을 긁어낸 뒤 8cm 길이로 토막 내요.

2. 1의 갈치를 밑간해 10분 정도 재운 뒤 키친타월로 물기를 닦아요.

3. 마늘은 저며 썰어 찬물에 잠깐 담갔다 건져요.

4. 달군 팬에 포도씨유를 두르고 밑간한 갈치를 앞뒤로 노릇하게 구워요.

5. 팬에 간장과 마늘을 넣고 살짝 끓이다가 구운 갈치를 넣어 간이 배게 해요.

Tip. 갈치는 앞뒷면을 바삭하게 구워야 간장양념에 조리할 때 부서지지 않아요.

7. 멸치

기본이 맛있어야 모든 요리가 맛있지요. 뼈 건강과 성장 발육에 좋은
멸치로 맛있는 반찬을 만들어보세요. 매일 먹는 밑반찬인 멸치볶음도
좋고 견과류로 맛을 더해도 좋아요. 밥에 섞어 주먹밥을 만들면 나들이
도시락으로 그만이에요. 멸치 우린 국물로 잔치국수를 말아 줘도 좋고요,
하나씩 하나씩 기본에 충실하다 보면 요리에 감칠맛을 낼 수 있답니다.

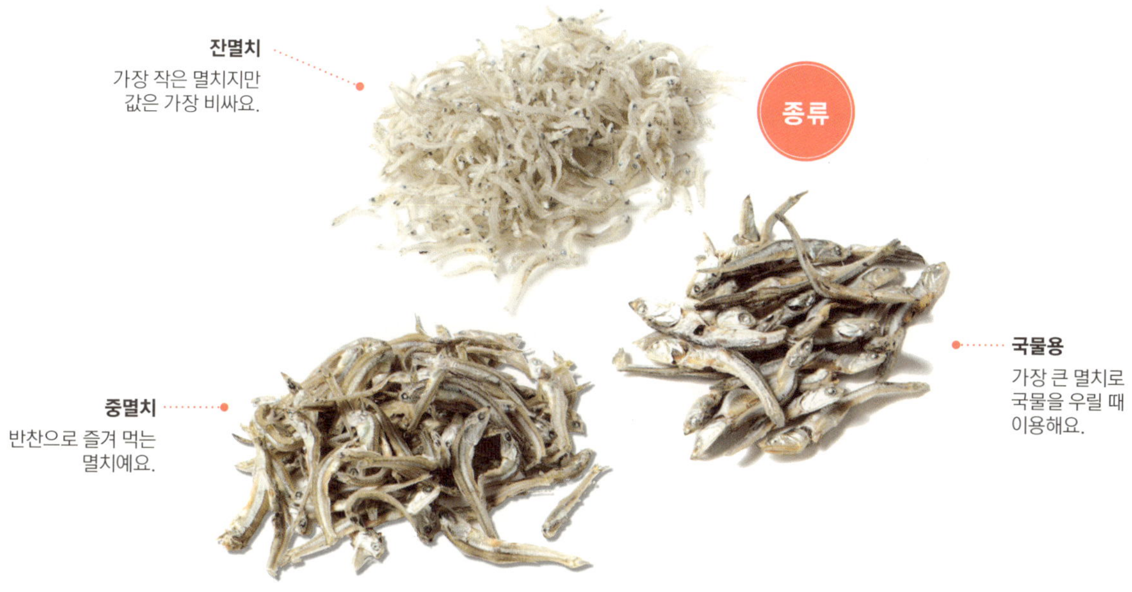

잔멸치
가장 작은 멸치지만
값은 가장 비싸요.

종류

국물용
가장 큰 멸치로
국물을 우릴 때
이용해요.

중멸치
반찬으로 즐겨 먹는
멸치예요.

손질

선택

보관

국물용 멸치는 내장을 제거한 뒤 국
물을 우리고, 볶음용 멸치는 체에 쳐
이물질을 걸러내세요.

등은 암청색, 복부는 은백색으로 비
늘이 벗겨지지 않은 것이 좋은 멸치
예요. 냄새가 구수하고 짭짤한 것을
고르세요.

습기에 약하므로 지퍼백에 담아 냉동
실에 보관하는 것이 좋아요.

간편한
한 끼 식사

멸치국수

Recipe

멸치국수

재료

소면 150g, 배추김치 100g, 애호박 ½개, 통깨·포도씨유 ½큰술씩
참기름·소금·다진 마늘 ½작은술씩

국물

A 멸치 30g, 다시마(10×10cm) 1장, 마른 표고버섯 2개, 월남고추 1개
  양파 ½개, 마늘 3쪽, 생강 ½쪽, 물 7½컵, 맛술 1½큰술
B 참치액젓·국간장 1큰술씩, 소금 ½큰술

만드는 방법

1. 냄비에 국물 A 재료를 넣어 끓인 뒤 체에 걸러 국물을 밭고 국물 B 재료를 넣어 섞어요.

2. 김치는 송송 썰어 참기름, 통깨를 넣고 버무려요.

3. 애호박은 반달썰기 해 소금물에 10분쯤 절인 뒤 물기를 짜고 달군 팬에 포도씨유를 두르고 다진 마늘과 함께 볶아요.

4. 소면은 끓는 물에 넣고 끓어오르면 찬물 ½컵 붓기를 두 번 반복해 삶아서 찬물에 헹궈요.

5. 그릇에 소면을 담고 1의 국물을 부은 다음 준비한 고명을 올려요.

Tip. 삶은 소면을 헹굴 때는 흐르는 물에 손으로 비벼가며 녹말기를 빼야 면이 쫄깃하고 탱탱해요.

매콤 달콤 고소한 반찬
호두멸치매운조림

Recipe

재료
중멸치·호두 100g씩
통깨 약간

양념
물엿·고추기름 2큰술씩, 설탕 1큰술
청주 2작은술, 생강즙·간장 1작은술씩

Tip.
양념을 오래 끓이면 멸치가
덩어리져 먹기 불편해요.
살짝 끓여 불을 끄고
멸치를 넣어 재빨리
버무리는 게 요령이랍니다.

만드는 방법

1. 멸치와 호두는 팬에 각각 볶아요.

2. 팬에 양념 재료를 넣고 약불에서 살짝 끓인 뒤 불을 꺼요.

3. 여기에 볶은 멸치와 호두를 넣어 가볍게 버무린 뒤 통깨를 뿌려요.

깻잎 향으로 더욱 맛있어진 반찬

깻잎멸치조림

Recipe

재료
국물용 멸치 20g, 깻잎 25장
양파 ¼개

양념
물 ¼컵, 간장·다진 파·마늘채 1큰술씩
청주·설탕·들기름 ½큰술씩, 통깨 약간

Tip.
깻잎은 깨끗이 씻어 채에
세워둬야 물기가 잘 빠져요.

만드는 방법

1. 멸치는 머리와 내장을 제거하고 팬에 볶아요.

2. 양념 재료는 고루 섞어요.

3. 깻잎은 깨끗이 씻어 물기를 빼고, 양파는 채 썰어요.

4. 냄비에 깻잎, 멸치, 양파, 양념 순으로 넣고 뚜껑을 덮어 중불에서 8분쯤 조려요.

5분 만에 만드는 도시락 반찬

멸치고추장볶음

Recipe

Tip.
멸치를 볶을 때 포도씨유를
넉넉히 넣어야 바삭한 맛이
살아나요.

재료
중멸치 150g, 포도씨유 ½컵
통깨 1큰술, 참기름 약간

만드는 방법

1. 달군 팬에 포도씨유를 두르고 멸치를 넣어 중불에서 바삭하게 볶아요.
2. 볶은 멸치는 체에 밭쳐 기름을 빼요.
3. 1의 팬에 양념 재료를 넣고 약불로 끓여요.
4. 불을 끄고 멸치를 넣어 골고루 버무린 뒤 참기름, 통깨를 넣고 가볍게 뒤섞어요.

양념
포도씨유 1½큰술, 청주·설탕 1큰술씩
간장·고춧가루·고추장·다진 마늘 ½큰술씩
생강즙 약간

바삭하게 볶아 아이들이 좋아하는 반찬

잔멸치볶음

Recipe

재료

잔멸치 1컵, 식용유·물엿·검은깨 1큰술씩, 설탕 ½큰술, 생강즙 ½작은술

Tip.
열기가 있을 때
검은깨를 넣어 섞어야
잘 버무려져요.

만드는 방법

1. 달군 팬에 멸치를 넣고 중불에서 바삭하게 볶아요.

2. 약불로 달군 팬에 식용유와 설탕을 넣어 녹인 뒤 물엿, 생강즙을 넣고 섞어요.

3. 여기에 멸치를 넣고 재빨리 버무린 다음 검은깨를 뿌려요.

멸치어묵볶음

Recipe

멸치어묵볶음

재료

어묵 150g, 잔멸치 ½컵, 양파 ½개, 포도씨유 1큰술, 물엿·통깨 ½큰술씩

양념

물 2½큰술, 간장·참치액젓·맛술·다진 마늘·다진 파 ½큰술씩
설탕·고춧가루 ½작은술씩

만드는 방법

1. 어묵은 직사각 모양으로 썰어 끓는 물에 살짝 데쳐요.

2. 양파는 채 썰어요.

3. 달군 팬에 멸치를 볶아낸 뒤 포도씨유를 두르고 양파, 어묵을 순서대로 넣어 볶아요.

4. 여기에 양념을 넣고 볶다가 멸치를 넣어 고루 버무린 뒤 불을 꺼요.

5. 물엿과 통깨를 넣고 고루 섞어요.

Tip. 어묵 대신 곤약을 넣어 볶으면 칼로리는 낮으면서 포만감이 들어 다이어트식으로 좋아요.

멸치김밥

Recipe

멸치김밥

밥 1공기, 잔멸치 50g, 김밥용 김 2장, 깻잎 4장, 청양고추·풋고추 2개씩
달걀 2개, 포도씨유 3큰술, 참기름·통깨 1큰술씩, 소금 약간

밥 밑간
참기름·소금 약간씩

멸치볶음 양념
고추장·물엿 1큰술씩, 청주·다진 마늘 ½큰술씩

만드는 방법

1. 고추는 곱게 다져요.

2. 약불로 달군 팬에 포도씨유를 두르고 멸치를 바삭하게 볶은 뒤 다진 고추를 넣고 5분 이상 볶아요.

3. 여기에 멸치볶음 양념을 넣고 볶다가 참기름, 통깨를 넣어요.

4. 달걀은 소금을 넣고 곱게 풀어 팬에 포도씨유를 두르고 얇게 부쳐 1.5cm 폭으로 썰고, 깻잎은 깨끗이 씻어 물기를 빼요.

5. 밥은 밑간 재료를 넣고 고루 섞어요.

6. 김에 밥을 ⅓만큼 얇게 펴고 깻잎, 멸치볶음을 올려요.

7. 깻잎을 반으로 접고 달걀지단을 올린 뒤 돌돌 말아 1.5cm 두께로 썰어요.

Tip. 청양고추와 풋고추의 양은 기호에 따라 조절하세요.

나들이 메뉴로 인기 만점
잔멸치주먹밥

Recipe

Tip.
꼬들꼬들한 단무지를 다져
넣으면 씹히는 맛이 좋은
주먹밥을 만들 수 있어요.

재료

밥 1공기, 잔멸치 50g, 슬라이스 치즈 1장, 포도씨유 1큰술
참기름·설탕·간장·맛술 1큰술씩, 통깨 $\frac{1}{2}$큰술

만드는 방법

1. 약불에 팬을 올려 잔멸치를 볶다가 포도씨유, 설탕, 간장, 맛술을 넣고 3분쯤 볶아요.

2. 슬라이스 치즈는 사방 0.5cm 크기로 썰어요.

3. 밥과 멸치볶음, 치즈, 참기름, 통깨를 고루 섞어요.

4. 3의 밥을 뭉쳐 타원형으로 빚어요.

칼슘을 더한 건강 샐러드

멸치샐러드

Recipe

Tip.
멸치는 꼭 드레싱을 뿌린
뒤 올려야 축축해지지 않고
바삭한 식감이 살아있어
맛있어요.

재료

잔멸치 30g, 로메인·겨자잎·치커리
20g씩, 방울토마토 3개, 양파 ¼개

드레싱

포도씨유·식초·설탕 2큰술씩
간장 1큰술, 맛술·청주·통깨 ½큰술씩
생강즙 1작은술

만드는 방법

1. 로메인과 겨자잎, 치커리는 한입 크기로 잘라요.

2. 양파는 동그랗게 슬라이스하고, 방울토마토는 꼭지를 떼고 반으로 잘라요.

3. 달군 팬에 멸치를 넣고 바삭하게 볶아요.

4. 드레싱 재료는 고루 섞어요. 접시에 준비한 채소를 담고 드레싱을 뿌린 뒤 멸치를
   올려요.

8. 북어·황태

간을 보하는 효능을 지닌 명태로 국을 끓이면 과음 후 시원하게 속을 푸는 해장국으로
그만이지요. 이 명태를 말린 것이 황태인데 잘 손질해 냉동실에 넣어두고 국, 무침, 조림,
구이 등 다양한 요리를 만들기 좋아요. 요즘같이 아침저녁 일교차가 큰 날씨에는 시원한
황탯국으로 남편의 출근길을 따뜻하게 챙겨보세요. 몸살감기에 걸렸을 때에도 뜨거운
국물을 마시고 땀을 내면 몸이 가벼워지고 회복도 빠르답니다.

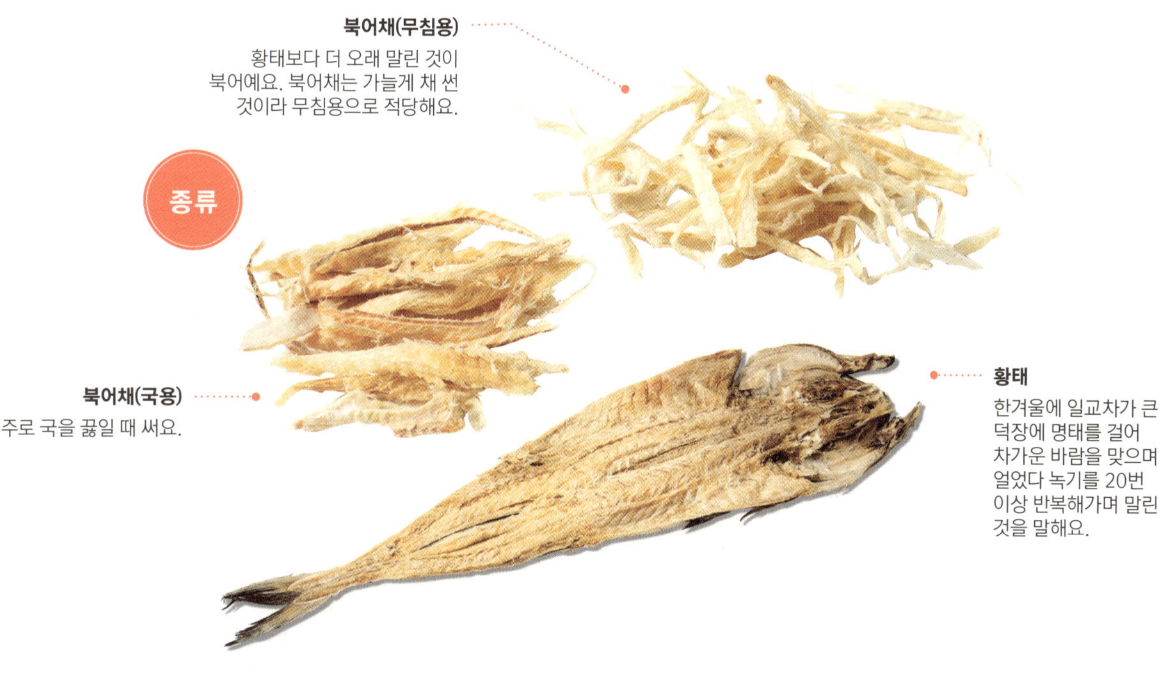

북어채(무침용)
황태보다 더 오래 말린 것이
북어예요. 북어채는 가늘게 채 썬
것이라 무침용으로 적당해요.

종류

북어채(국용)
주로 국을 끓일 때 써요.

황태
한겨울에 일교차가 큰
덕장에 명태를 걸어
차가운 바람을 맞으며
얼었다 녹기를 20번
이상 반복해가며 말린
것을 말해요.

손질

선택

보관

껍질부터 흐르는 물에 적셔 촉촉하게
만든 뒤 뼈를 발라내고 먹기 좋은 크
기로 썰어 조리해요.

북어는 살빛이 누렇고 부드러우며 도
톰한 것이 신선하고 좋은 거예요.

북어에 녹찻잎을 뿌려 보관하면 방습
과 방충 효과가 있어요. 바람이 잘 통
하고 그늘진 곳에 습기가 차지 않게 보
관해야 곰팡이가 생기지 않아요.

황태조림

Recipe

황태조림

재료

황태 2마리, 다시마(10×10cm) 1장, 쪽파(송송 썬 것) ½큰술
포도씨유·통깨 약간씩

양념장

A 마늘 50g, 양파 ½개, 슬라이스 파인애플 1쪽, 물엿 ½컵, 간장 ¼컵
B 청주 2큰술, 참기름 1큰술, 고춧가루 ½큰술

만드는 방법

1. 황태는 흐르는 물에 껍질 쪽부터 가볍게 씻은 뒤 지느러미와 꼬리를 잘라내고 3등분해요.

2. 믹서에 양념 A 재료를 갈아 냄비에 담고 다시마를 넣어 중불에서 팔팔 끓여요.

3. 2가 다 식으면 양념 B 재료를 넣어 섞어요.

4. 달군 팬에 포도씨유를 두르고 손질한 황태를 넣어 3의 양념장을 발라가며 약불에서 양념이 잘 배도록 조려요.

5. 마지막에 송송 썬 쪽파와 통깨를 뿌려요.

Tip. 한 번 끓인 양념장에 황태를 재우면 맛이 더 깊어지고 오래 두고 먹을 수 있어요.

시원하게 속 풀리는 국
황탯국

Recipe

Tip.
촉촉한 황태채와 달걀을
섞어 국에 넣어 끓이면
국물이 깔끔해요.

재료

무 100g, 황태채 70g, 달걀 3개, 대파 ½대, 물 6컵, 참치액젓·국간장·
맛술 1큰술씩, 소금 1작은술, 후춧가루 약간

만드는 방법

1. 황태채는 흐르는 물에 씻어 물기를 짜고 참치액젓에 무친 후 달걀을 넣어 섞어요.

2. 무는 0.3cm 두께로 채 썰고, 대파는 어슷하게 썰어요.

3. 냄비에 물과 무를 넣고 끓으면 1의 황태를 넣고 끓여요.

4. 국간장, 맛술, 소금, 후춧가루로 간한 뒤 대파를 넣고 한소끔 끓여요.

고소하고 달콤한 반찬

황태채무침

Recipe

Tip.

황태채를 비닐에 담아
소주와 물을 뿌려두면
소독도 되고 식감도
부드러워져요.

재료

황태채 50g, 소주·물 1½큰술씩
참기름·통깨 1큰술씩

양념

고추장 3큰술, 올리고당 2큰술, 다진
파·매실청 1큰술씩, 간장·마요네즈·맛술
½큰술씩, 다진 마늘 1작은술

만드는 방법

1. 황태채는 비닐봉지에 담아 소주와 물을 섞어 뿌리고 밀봉하여 1시간 재운 뒤
   전자레인지에 1분 정도 돌려요.

2. 양념 재료를 고루 섞은 뒤 재운 황태채를 넣어 버무려요.

3. 여기에 참기름, 통깨를 넣고 살짝 무쳐요.

촉촉하고 부드러운 찜
북어찜

Recipe

재료
북어 1마리

양념
간장 3큰술, 물엿·다진 파 1큰술씩, 설탕 ½큰술
다진 마늘 ½작은술, 통깨·참기름·후춧가루 약간씩

만드는 방법

1. 북어는 5분쯤 물에 불린 뒤 지느러미와 머리, 꼬리, 가시를 제거해요.
2. 북어 껍질에 잔칼집을 넣고 길게 반 잘라 2등분해요.
3. 양념 재료를 고루 섞은 뒤 ½ 분량을 북어에 바르고 10분 정도 재워요.
4. 냄비에 재운 북어를 넣고 나머지 양념을 펴 바른 다음 약불로 20분간 쪄요.

Tip.
북어에 잔칼집을 넣어야
조리할 때 부피가 수축되는
걸 막을 수 있어요. 칼집은
겉면만 살짝 넣지 말고 깊게
넣으세요.

고기반찬보다 더 맛있는 구이

북어양념구이

Recipe

Tip.

북어는 미리 불려놓아야
손질할 때 지느러미나
꼬리를 잘라내기 쉬워요.

재료

북어 1마리
포도씨유 1큰술

양념장

물 ½컵, 간장 1½큰술, 설탕 1큰술, 다진 마늘·고춧가루
1작은술씩, 참기름·후춧가루 약간씩

만드는 방법

1. 북어는 5분쯤 물에 불린 뒤 지느러미와 머리, 꼬리, 가시를 제거해요.

2. 북어의 껍질에 잔칼집을 넣고 길게 반 갈라 5cm 길이로 썰어요.

3. 양념장 재료를 고루 섞어 북어에 발라 30분 재워요.

4. 달군 팬에 포도씨유를 두르고 양념한 북어를 중불로 노릇하게 구워요.

전복죽이
부럽지 않은 맛죽

북어죽

Recipe

북어죽

재료

맵쌀 100g, 북어채 30g, 멸치국물 4컵, 참기름·간장 1큰술씩
쪽파(송송 썬 것) 약간

만드는 방법

1. 쌀은 1시간 이상 불린 뒤 체에 건져 물기를 빼요.

2. 북어채는 체에 담아 흐르는 물에 씻은 뒤 1cm 길이로 잘라요.

3. 달군 냄비에 북어채와 참기름, 간장을 넣고 중불로 3분 정도 볶아요.

4. 여기에 불린 쌀을 넣고 쌀알이 반쯤 투명해질 때까지 볶아요.

5. 4에 멸치국물 2컵을 붓고 끓기 시작하면 약불로 줄여 15분 정도 끓여요.

6. 나머지 멸치국물을 붓고 저어가며 10분쯤 더 끓인 뒤 송송 썬 쪽파를 올려요.

Tip. 북어채를 참기름에 볶을 때 불이 너무 세면 기름의 고소한 맛과 영양어
모두 손실되니 중약불로 맞추세요.

황태떡국

Recipe

황태떡국

재료

떡국 떡 250g, 황태(머리 쪽) ⅓마리, 달걀 1개, 대파 ⅓대, 국간장 1큰술
다진 마늘 ⅓큰술, 참기름 약간

국물

국물용 멸치 5g, 황태 머리 1개, 다시마(10×10cm) 1장, 물 6컵

만드는 방법

1. 냄비에 국물 재료를 넣고 센 불에 올려 끓기 시작하면 중불로 줄여 5분쯤 더 끓여요.

2. 1의 국물을 식힌 뒤 면보에 걸러요.

3. 황태는 가시와 지느러미를 제거하고 적당히 찢고, 대파는 어슷하게 썰어요.

4. 냄비에 2의 국물과 떡을 넣고 중불에 올려 끓기 시작하면 황태, 다진 마늘을 넣고 떡이 달라붙지 않게 가끔 저어가며 끓여요.

5. 여기에 국간장을 넣고 달걀을 곱게 풀어 넣어요.

6. 소금으로 간한 뒤 참기름, 대파를 넣어요.

Tip. 황탯국은 국간장으로 간을 하면 맛이 깊어져요.
국간장이 없으면 소금으로 간하고 마지막에 참치액젓을 넣으세요.

9. 미역·김

미역은 피부를 매끄럽게 해주는
효능이 있어 피부가 거칠고 잘 트는
사람에게 좋아요. 푹 삶은 양지를 넣고
끓인 미역국도 맛있고, 오이채를 더한
새콤달콤한 미역냉국도 입맛을 돋우지요.
또한 미역을 잘게 다져 부침가루, 밀가루와
섞어 전을 부치면 손님 초대 요리로도
손색없답니다.

종류

미역 바다의 채소라 불리는 미역은 칼슘이 풍부해서 뼈를 튼튼하게 해줘요. 저열량·저지방 식품으로 다이어트에도 좋고, 식이섬유소가 풍부해 포만감을 주며, 장운동을 도와 변비를 예방하지요.

김 비타민과 무기질을 고루 갖춘 식품으로 단백질도 풍부해요. 칼로리는 거의 없어 다이어트할 때 부족한 단백질을 보충하기 좋아요.

다시마 해조류 중 요오드 함량이 가장 높은 식품으로 신진대사를 원활하게 하고, 혈압을 조절하는 데 도움을 주며, 콜레스테롤 수치도 낮춰줘요.

미역줄기 식이섬유가 풍부하며 저열량 식품으로 다이어트에도 좋아요.

선택

미역 녹색이 짙고 광택이 있으며 탄력이 있고 두꺼운 것이 좋아요.

김 표면에 잡티가 적고 색이 검으며 광택이 많이 날수록 좋은 김이에요. 가장 확실하게 확인할 수 있는 방법은 김을 조금 잘라 물에 넣었을 때 흐물흐물 풀어지면서 물이 탁하지 않을수록 좋아요.

손질

미역 마른미역은 물에 불린 뒤 여러 번 깨끗이 씻고, 염장 미역은 흐르는 물에 씻은 다음 뜨거운 물과 찬물에 헹구세요.

미역 표면에 이물질이 있는 경우 팬에 살짝 구운 뒤 떼어내세요.

보관

미역 마른미역은 먹기 좋은 크기로 잘라 사용할 분량만큼 지퍼백에 담아 냉동실에 보관해요.

미역 습기가 있으면 금세 눅눅해지니 지퍼팩에 담아 냉동실에 넣어둬요.

미역조갯살무침

Recipe

미역조갯살무침

재료

물미역 150g, 조갯살 70g, 무(3cm) ⅓토막, 오이 ⅓개, 통깨 약간

깨소스

깨소금 3큰술, 간장 2큰술, 식초 1큰술, 다진 마늘 ½작은술

단촛물

식초·설탕·물 3큰술씩, 소금 ½큰술

만드는 방법

1. 물미역은 씻어서 10분간 물에 담가두었다가 끓는 물에 살짝 데쳐요.

2. 1을 찬물에 헹군 뒤 3cm 길이로 잘라요.

3. 조갯살은 옅은 소금물에 헹구어 끓는 물에 데친 뒤 찬물에 담가 식히고 물기를 빼요.

4. 단촛물 재료는 고루 섞어요.

5. 무는 0.3cm 두께, 5cm 길이로 채 썰어요. 오이는 씨를 제거하고 무와 같은 크기로 썰어 단촛물에 15분쯤 절인 뒤 물기를 짜요.

6. 미역과 조갯살, 무, 오이, 깨소스를 잘 버무린 다음 통깨를 뿌려요.

Tip. 조갯살을 데칠 때 청주를 1큰술 넣으면 비린 맛을 없애주고 조갯살이 탱탱하게 유지돼요.

소고기육수로 낸 깊은 맛
미역국

Recipe

Tip.
소고기는 덩어리째 삶은 뒤 손으로
찢어 넣으면 씹히는 맛이 있어
더욱 맛있어요.

재료
소고기 양지 100g, 마른미역 10g, 물 5컵, 국간장 1큰술, 참기름 1작은술, 소금 약간

만드는 방법

1. 마른미역은 30분 이상 물에 불려서 손으로 바락바락 주물러 3~4번 씻은 뒤 먹기 좋게 잘라요.

2. 소고기는 30분 정도 찬물에 담가 핏물을 빼고 냄비에 담아 물을 붓고 끓여요.

3. 2를 체에 걸러 육수를 받고, 고기는 식혀서 한입 크기로 썰어요.

4. 냄비에 참기름을 두르고 불린 미역을 볶아요.

5. 여기에 육수를 붓고 끓기 시작하면 고기를 넣어 끓이다가 국간장, 소금으로 간해요.

바다 향이 가득한 밑반찬
미역줄기볶음

Recipe

Tip.
미역줄기볶음 양념에
고춧가루 1큰술을 더하면
맵게 즐길 수 있어요.

재료

미역줄기 1봉(200g), 포도씨유 2큰술
다진 파·참기름 1큰술씩, 다진 마늘 ½큰술

양념

황설탕 1½큰술, 참치액젓 1큰술
후춧가루 약간

만드는 방법

1. 미역줄기는 물에 씻어 20분 정도 찬물에 담가 소금기를 빼요.

2. 1을 체에 건져 물기를 뺀 다음 먹기 좋게 잘라요.

3. 달군 팬에 포도씨유를 두르고 다진 파와 마늘을 볶다가 미역줄기를 넣어 볶아요.

4. 미역줄기가 숨이 죽으면 양념을 넣고 간이 배도록 볶아요.

5. 마지막에 참기름을 넣고 고루 섞어요.

입맛 살리는 여름 냉국

미역냉국

Recipe

Tip.
냉국은 국물뿐 아니라
재료에도 밑간을 하면
간이 배어 더 맛있어요.

재료
불린 미역 10g, 통깨
½큰술, 얼음 적당량

미역 밑간
설탕·식초 1큰술씩
마늘 1작은술
쪽파(송송 썬 것) 약간

냉국
물 4컵, 식초 3½큰술
설탕 3큰술, 소금 ¾큰술

만드는 방법

1. 냉국 재료는 잘 섞어 냉장고에 넣어둬요.

2. 불린 미역은 깨끗이 씻어 먹기 좋게 잘라 밑간 재료에 버무려요.

3. 그릇에 미역을 담고 차가운 냉국을 부은 다음 얼음을 넣고 통깨를 뿌려요.

담백한 맛이나는 미역국

미역감잣국

Recipe

Tip.
된장을 넣고 오래 끓이면
맛이 텁텁해져요. 그러니
많이 끓여두고 데워 먹지
말고 그때그때 조금씩
끓여 먹는 게 좋답니다.

재료

불린 미역 30g, 감자 1개, 다시마국물 4컵, 미소된장 2큰술, 쪽파(송송 썬 것)
½큰술, 참치액젓 ¼작은술

만드는 방법

1. 불린 미역은 깨끗이 씻고, 감자는 껍질을 벗겨 0.3cm 두께로 채 썰어요.

2. 다시마국물 1큰술과 미소된장, 참치액젓을 고루 섞어요.

3. 냄비에 다시마국물을 붓고 끓기 시작하면 미역과 감자를 넣고 한소끔 끓여요.

4. 여기에 2를 넣고 국물이 끓어오르면 쪽파를 넣어요.

새콤한 맛, 다양한 식감이 매력
미역팽이버섯초무침

Recipe

Tip.
불린 다시마를 채 썰어
무쳐 먹어도 좋아요.

재료
물미역 200g, 팽이버섯 50g
양파 ¼개, 참기름 약간

양념
식초·고추장 2큰술씩, 올리고당·설탕
½큰술씩, 다진 마늘 ½작은술

만드는 방법

1. 물미역은 끓는 물에 살짝 데쳐 물기를 뺀 뒤 먹기 좋은 크기로 자르고, 양파는 곱게 채 썰어요.

2. 팽이버섯은 밑동을 자르고 가닥가닥 떼어내 살짝 씻어요.

3. 양념 재료는 고루 섞어요.

4. 미역과 팽이버섯, 양념을 고루 버무린 다음 양파와 참기름을 넣고 섞어요.

영양 만점 부침개
미역전

Recipe

Tip.
달걀을 노른자만 넣으면
전의 빛깔이 더 고와요.

재료

마른미역 8g, 달걀·풋고추·홍고추 1개씩
부침가루 ⅔컵, 포도씨유 적당량, 소금 약간

양념장

간장·맛술 1큰술씩, 통깨
1작은술, 고춧가루 ⅓작은술

만드는 방법

1. 마른미역은 30분쯤 물에 불려 끓는 물에 살짝 데친 뒤 잘게 다져요.

2. 고추는 반 갈라 씨를 털어내고 잘게 썰어요.

3. 부침가루와 달걀, 소금, 미역, 고추를 고루 섞어요.

4. 달군 팬에 포도씨유를 두르고 3의 반죽을 한 숟가락씩 떠 넣어 앞뒤로 노릇하게
   지진 뒤 양념장을 곁들여 먹어요.

매콤달콤 야식

김무침

Recipe

Tip.

김을 양념에 넣고 버무릴 때
재빨리 뒤섞어야 김이 서로
달라붙지 않아요. 김무침은
만들어 바로 먹어야
맛있답니다.

재료

구운 김 6장, 통깨·참기름 ½큰술씩

양념

간장·설탕 1큰술씩
고추장 ⅓작은술

만드는 방법

1. 김은 16등분한 뒤 달군 팬에 넣고 주걱으로 저어가며 구워요.

2. 팬에 양념 재료를 넣고 약불에 올려 끓으면 불을 끄고 통깨, 참기름을 넣어요.

3. 여기에 구운 김을 넣고 재빨리 버무려요.

초간단 구이의 비밀

김자반

Recipe

재료
김 5장

양념
통깨 ½큰술, 설탕·참기름 ¾큰술씩, 소금 ⅔작은술

Tip.
불이 너무 세면 김과 양념이
타므로 중불에서 은은히
굽듯이 볶아야 해요.

만드는 방법

1. 양념 재료는 고루 섞어요.

2. 김은 5×7cm 크기로 잘라 1의 양념에 버무려요.

3. 달군 팬에 2를 넣고 중불에서 2분 정도 볶아요.

김마키

Recipe

김마키

밥 1공기, 구운 김 2장, 단무지 30g, 아보카도 ½개, 청·홍 파프리카 ¼개씩
크림치즈·간장 3큰술씩, 날치알 2큰술, 고추냉이 1작은술

만드는 방법

1. 아보카도는 씨를 제거한 뒤 저며 썰고, 단무지와 파프리카는 채 썰어요.

2. 간장과 고추냉이를 고루 섞어요.

3. 김은 반 잘라 밥을 얇게 펴고 크림치즈를 발라요.

4. 여기에 아보카도, 파프리카, 단무지를 올려 고깔 모양으로 말아요.

5. 4에 2를 한두 방을 떨어뜨리고 날치알을 올려요.

Tip. 마키는 다 만들어 상에 올려도 좋지만, 부담 없는 모임에서는 재료를 큰 접시에 담아
직접 싸 먹게 해도 좋아요.

10. 새우

새우는 동맥경화, 고혈압, 심장병 등을 앓는 사람들에게 특히 좋은 식품이에요.
또한 뇌 활동을 원활하게 돕기 때문에 정신노동을 많이 하고 스트레스가 심한 사람에게도
도움이 되지요. 무엇보다 맛이 좋아 아이들은 물론 온 가족이 즐기기 좋답니다.

대하
크기가 큰 새우로
살이 많고 맛이 좋아요.

종류

두절 건새우
머리 부분을 떼어낸
새우로 손질이 되어
있어 편리해요.

보리새우
새우 중 값이 비싼 고급
새우로 맛이 좋아요.

선택

손질

보관

새우의 몸통이 투명하고 윤기가 나며
껍질이 단단한 것이 좋아요. 국내산
은 몸통이 연한 미색에 갈색 세로줄
무늬가 있고, 수입산은 짙은 녹색에
검은 줄무늬가 있어요.

새우 등 쪽 두 번째 마디에 이쑤시개
를 꽂아 기다란 내장을 빼내고 옅은
소금물에 흔들어 씻어요.

깨끗이 씻어 물기를 빼고 적당량씩
밀봉해 냉동실에 보관해요.

녹차새우볶음밥

Recipe

녹차새우볶음밥

밥 1공기, 새우 ½컵, 달걀 2개, 감자 ¼개, 적양파 ⅛개, 포도씨유 4큰술
녹찻잎 ½큰술, 다진 마늘·간장 1작은술씩, 청주·소금·후춧가루 약간씩

만드는 방법

1. 녹찻잎은 70℃ 물에 불린 뒤 물기를 꼭 짜요.

2. 새우는 옅은 소금물에 씻어 냄비에 물, 청주와 함께 넣고 삶아요.

3. 감자와 적양파는 곱게 다지고, 달걀은 알끈을 제거하고 곱게 풀어요.

4. 달군 팬에 포도씨유 1큰술을 두르고 다진 마늘을 볶다가 감자와 적양파를 넣어 볶아내요.

5. 4의 팬에 포도씨유 3큰술을 두르고 달걀물을 넣고 재빨리 휘저어 스크램블드에그를 만들어요.

6. 여기에 밥과 녹찻잎, 새우, 4의 감자와 적양파를 넣고 볶다가 간장, 후춧가루, 소금으로 간해요.

Tip. 새우는 미리 삶은 것을 넣고 가볍게 볶아야 식감이 살아있어 맛있는 볶음밥을 만들 수 있어요.

새우냉채

Recipe

새우냉채

재료
새우(중하) 15마리, 오징어(몸통) ½마리, 달걀 3개, 오이 ½개, 양파 ½개
청주·소금 약간씩

소스
식초·설탕·물 2큰술씩, 깨소금·참기름 1큰술씩, 연겨자 ⅔큰술, 소금 ⅓작은술

만드는 방법

1. 소스 재료는 고루 섞어 냉장고에 넣어둬요.

2. 새우와 오징어는 각각 냄비에 잠길 정도의 물을 붓고 청주를 약간 넣어 삶아요. 새우는 길게 반 자르고, 오징어는 곱게 채 썰어요.

3. 달걀은 흰자와 노른자를 분리해 소금으로 간한 뒤 각각 지단을 부쳐요.

4. 달걀지단과 양파, 오이는 곱게 채 썰어요.

5. 접시에 새우와 양파, 오이, 오징어, 황백지단을 돌려 담고 1의 소스를 뿌려요.

Tip. 새우와 오징어는 삶을 때 겉면만 익으면 불을 끄고 뚜껑을 덮어 남은 열로 익혀야 식감이 부드러워요.

새우장

Recipe

새우장

재료
새우(대하) 20마리, 마늘 12쪽, 청양고추 6개, 양파(중) 1개

간장물
물 4½컵, 간장 3¾컵, 참치액젓·청주 ⅜컵씩, 설탕 6큰술, 통후추 2작은술

만드는 방법

1. 새우는 수염을 떼고 깨끗이 씻어 내장을 제거해요.

2. 마늘은 저며 썰고, 양파는 4등분하고, 청양고추는 포크로 구멍을 내요.

3. 밀폐용기에 새우와 손질한 채소를 넣고 간장물 재료를 섞어 부은 뒤 냉장고에 넣어둬요.

4. 하루 뒤에 3의 간장물을 따라내고 물 1컵을 섞어 5분쯤 끓인 뒤 식혀서 다시 부어요. 이것을 하루 간격으로 2회 더 반복해요.

Tip. 따라낸 간장물을 끓일 때 물을 섞지 않으면 맛이 너무 짜져요. 그러니 한 번 끓일 때 물 또는 매실액을 1컵씩 섞으세요. 새우장을 담글 때 꽃게를 같이 넣어도 좋아요.

칼슘 가득한 영양 샐러드
새우톳샐러드

Recipe

Tip.
불린 다시마는 채 썰어
무쳐 먹어도 좋아요.

재료

마른 톳 150g, 새우 8마리, 홍고추 ⅓개, 양파 ¼개,
맛술 2큰술, 레몬즙 1큰술, 간장 2작은술, 청주 약간

만드는 방법

1. 새우는 길게 반 갈라 냄비에 물, 청주와
   함께 넣고 중불에 올려 끓으면 불을 끄고
   남아 있는 열로 익혀요.

2. 톳은 한입 크기로 잘라 끓는 물에 살짝 데쳐
   찬물에 헹구어 물기를 빼고 맛술, 레몬즙,
   간장으로 밑간해 냉장고에 넣어둬요.

레몬드레싱

간장 2큰술, 다진 레몬
껍질 1½큰술, 설탕 1큰술
레몬즙 4작은술

3. 양파는 곱게 채 썰고, 홍고추는
   씨를 제거해 다져요. 레몬드레싱
   재료는 고루 섞어요.

4. 톳과 새우, 양파, 홍고추를 고루
   섞어 그릇에 담고 드레싱을
   뿌려요.

감칠맛 나는 밑반찬

건새우마늘고추장볶음

Recipe

Tip.

양념을 넣고 볶을 때는
살짝만 볶아야 새우가
달라붙어 한 덩어리가 되는
것을 막을 수 있어요.

<u>재료</u>

두절 건새우 100g, 마늘편 10개
포도씨유 2큰술, 참기름·통깨 약간씩

<u>양념장</u>

고추장 2큰술, 맛술 1½큰술
간장·올리고당·설탕 1큰술씩

<u>만드는 방법</u>

1. 양념장 재료는 고루 섞어요.

2. 달군 팬에 포도씨유를 두르고 마늘편을 볶아 향을 낸 뒤 새우를 넣고 바싹 볶아요.

3. 여기에 1의 양념장을 넣고 1분쯤 볶아요.

4. 3을 불에서 내리고 참기름, 통깨를 넣어 고루 섞어요.

레몬소스새우튀김

Recipe

레몬소스새우튀김

재료

새우 15마리, 춘권피 2장
로메인·포도씨유 적당량씩

튀김반죽

물·녹말가루 1컵씩
달걀흰자 1개 분량

새우 밑간

청주 1큰술, 생강즙 ½큰술
소금·후춧가루 약간씩

레몬소스

마요네즈 3큰술, 레몬즙·플레인 요구르트
2큰술씩, 생크림·연유 1큰술씩, 소금 약간

만드는 방법

1. 녹말가루와 물을 섞어 3시간쯤 두어 물과 녹말이 분리되면 윗물은 따라 버리고 달걀흰자를 넣어 섞어요.

2. 새우는 밑간해서 30분간 재운 뒤 1의 튀김반죽을 입혀 170℃ 포도씨유에 재빨리 튀겨내요.

3. 춘권피는 채 썰어 170℃ 포도씨유에 튀겨요.

4. 레몬소스 재료는 고루 섞어요.

5. 접시에 로메인을 깔고 새우를 돌려 담은 뒤 튀긴 춘권피를 올려요.

6. 여기에 4의 레몬소스를 뿌려요.

Tip. 춘권피는 너무 높은 온도에서 튀기면 금방 타므로 낮은 온도에서 바삭하게 튀기세요.

다양한 재료로
영양을 듬뿍 담은 요리

새우숙주볶음

Recipe

새우숙주볶음

재료

새우(중하) 6마리, 숙주 200g, 돼지고기(채 썬 것) 100g, 마늘 5쪽
포도씨유 2큰술, 굴소스 1½큰술, 다진 마늘 1큰술
참기름·소금·후춧가루·청주 약간씩

만드는 방법

1. 새우는 껍질을 벗기고 등 부분에 칼집을 넣어 소금, 후춧가루, 청주를 뿌려 10분간 재워요.

2. 마늘은 저며 썰고, 숙주는 씻어서 물기를 빼요. 돼지고기는 소금, 후춧가루, 청주에 밑간해요.

3. 달군 팬에 포도씨유 1큰술을 두르고 다진 마늘과 새우를 넣어 볶아요.

4. 달군 팬에 포도씨유 1큰술을 두르고 마늘편을 볶아 향이 나면 돼지고기, 굴소스 순으로 넣어 볶아요.

5. 여기에 숙주를 넣고 살짝 볶은 뒤 소금, 후춧가루로 간해요.

6. 5에 참기름과 3의 볶은 새우를 넣고 고루 섞어요.

Tip. 숙주의 아삭한 식감을 살리려면 불을 끄고 남은 열로 볶으세요.

간단하지만 폼 나는 손님 메뉴
대하오븐구이

Recipe

재료
새우(대하) 10마리, 굵은소금 적당량

만드는 방법

1. 대하는 수염을 자르고 깨끗이 씻어 체에 건져 물기를 빼요.

2. 오븐팬에 굵은소금을 깔고 대하를 올린 다음 170℃로 예열한 오븐에 넣어 10분 정도 구워요.

Tip.
대하는 굵은소금을
넉넉히 깔고 구워야
염분이 대하에 스며들어
간이 잘 맞아요.
구운 대하를 상에 낼 때
접시에 구운 소금을
깔고 담아내면
보기에도 좋아요.

고소하고 바삭한 별미 반찬

보리새우볶음

Recipe

재료
보리새우 100g, 맛술 3큰술
통깨 약간

양념
고추기름, 올리고당 3큰술씩
간장 1큰술, 설탕 1작은술

Tip.
아이들과 같이 먹을 때는
고추기름 대신 포도씨유를
넣거나 고추기름과 포도씨유를
반반씩 섞어 넣어 양념장을
만들면 매운맛을 줄일 수
있어요.

만드는 방법

1. 달군 팬에 보리새우를 볶다가 맛술을 넣고 살짝 볶아 잡냄새를 없애요.

2. 양념 재료는 고루 섞어요.

3. 팬에 2의 양념을 넣고 끓이다가 보리새우를 넣어 고루 버무린 다음 통깨를 뿌려요.

PART

03

채소

RECIPES FOR BASIC

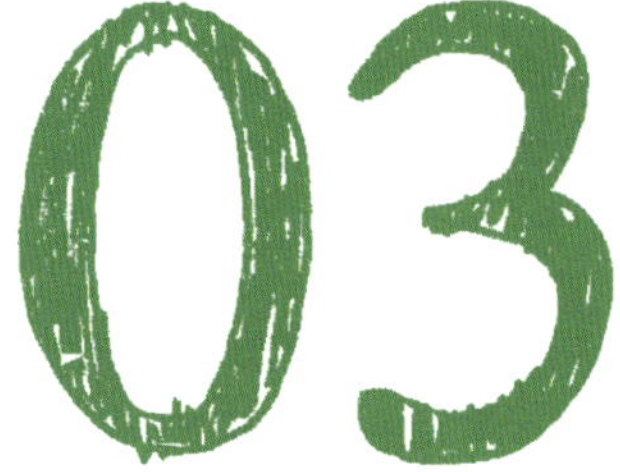

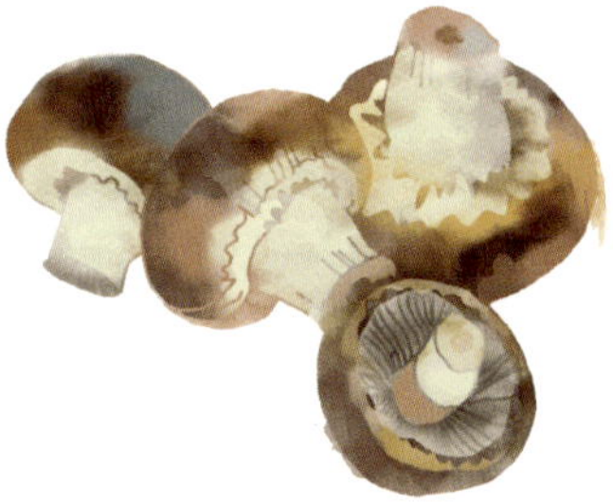

콩나물
연근 · 우엉
무
고추 · 파프리카
오이
감자
시금치
양배추 · 배추
버섯
가지
브로콜리

고기보다 다채롭고 영양가도 많은 채소는 고기
요리보다 쉬울 것 같지만 생각보다 손이 많이 가고
맛내기도 까다롭답니다. 늘 먹는 채소지만 어떤
영양소가 들어 있고, 어떤 것을 골라야 하고, 어떻게
조리해야 영양 손실이 적은지 잘 모르는 경우가 많지요.
채소는 각각의 특성과 손질 및 보관하는 요령을
알아두면 맛도 좋고 영양도 풍부한 요리를 만들
수 있어요. 그래서 자주 쓰이는 채소의 특징을
설명했답니다. 초보 주부들이 손쉽게 만들 수 있는
간단한 레시피를 기본으로 어디에 내놔도 근사한
일품요리를 알려드려요. 채소 고유의 맛과 영양을 살린
요리법으로 맛있는 밥상을 차려보세요.

1. 콩나물

만들기 가장 쉬우면서 맛내기 어려운 국물 요리가 콩나물국이에요.
베테랑 주부들도 많이 공감할 텐데요. 열이 많은 사람에게 좋은
콩나물은 술 마신 다음 날 붓고 아프고 몸살감기 증상이 있을 때
국을 끓여 먹으면 몸과 마음이 편안해진답니다.

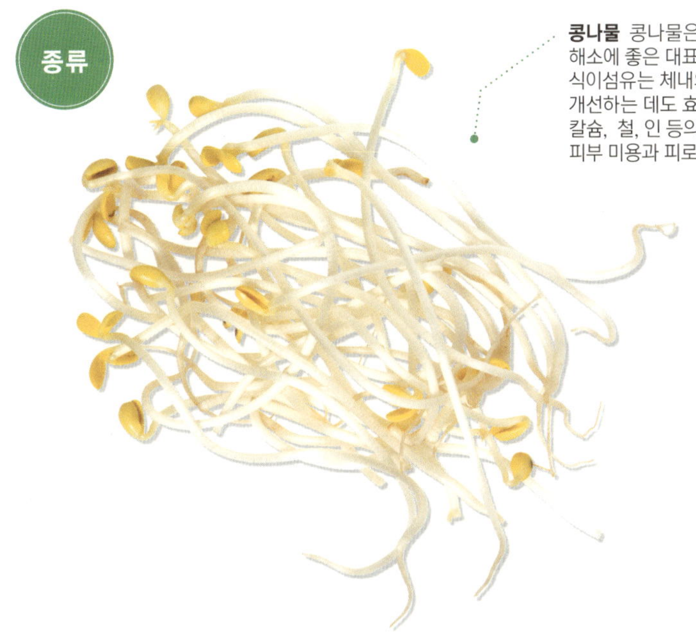

종류

콩나물 콩나물은 아스파라긴산이 풍부해 숙취 해소에 좋은 대표 식품이지요. 또한 함유된 식이섬유는 체내의 노폐물을 제거하여 변비를 개선하는 데도 효과적이에요. 비타민과 칼륨, 칼슘, 철, 인 등의 미네랄이 골고루 함유되어 피부 미용과 피로 해소에도 도움이 돼요.

선택

줄기가 하얀색을 띠고 통통하면서 잔 뿌리가 적은 것을 고르세요.

손질

콩나물은 콩껍질을 벗겨내고 뿌리 끝 부분만 다듬어 삶아 무치거나 국을 끓여요.

보관

지퍼팩에 담아 냉장실에 보관해요. 콩나물은 금방 물러지니 이틀 이내에 조리해 먹는 것이 좋아요.

해장국으로 좋은
얼큰한 국물 맛

콩나물김칫국

Recipe

콩나물김칫국

재료

콩나물 100g, 신 배추김치(소) ⅓포기, 대파 ⅓대, 멸치다시마국물 4컵
들기름 1큰술, 고춧가루 1작은술, 국간장 ½작은술, 소금 약간

만드는 방법

1. 배추김치는 국물을 살짝 짜내고 1cm 폭으로 썰어요.

2. 콩나물은 머리와 뿌리를 다듬어 씻은 뒤 체에 건져 물기를 빼요.

3. 냄비에 들기름을 두르고 김치를 넣어 센 불에서 3분 정도 볶아요.

4. 멸치다시마국물을 붓고 끓기 시작하면 콩나물과 고춧가루를 넣은 다음 뚜껑을
   덮어 중불로 줄여 5분쯤 더 끓여요.

5. 여기에 국간장을 넣고 소금으로 간을 맞춘 뒤 한소끔 끓여요.

6. 불을 끄고 어슷하게 썬 대파를 넣어요.

Tip. 김치를 들기름에 볶다가 물을 붓고 끓여야 국물의 구수한 맛을 제대로 살릴 수 있어요.
너무 오래 끓이면 김치가 질겨져서 식감이 떨어지니 10분을 넘기지 마세요.

콩나물냉국

Recipe

콩나물냉국

콩나물 100g, 대파 ⅓대, 멸치국물 4컵, 홍고추(송송 썬 것) 1큰술
청양고추(송송 썬 것)·새우젓 1작은술씩

소금·설탕 약간씩, 다진 마늘 ⅓작은술

만드는 방법

1. 콩나물은 다듬어 씻은 뒤 물기를 빼요.

2. 대파는 어슷하게 썰어요.

3. 냄비에 멸치국물을 붓고 끓으면 콩나물을 넣고 뚜껑을 덮어 3분쯤 삶아요.

4. 삶은 콩나물은 건져 찬물에 헹구어 물기를 빼요.

5. 3의 국물에 새우젓을 넣어 간한 뒤 식혀요.

6. 콩나물을 양념에 무쳐요.

7. 여기에 5의 국물을 붓고 냉장고에 넣어 차가워지면 먹기 전 홍고추를 올려요.

Tip. 바로 먹지 않을 경우 삶은 콩나물을 따로 두었다가 먹기 전 국물에 넣으면 아삭한 식감을
즐길 수 있어요.

김치콩나물밥

Recipe

김치콩나물밥

재료
콩나물·배추김치·돼지고기 목살 200g씩, 물 1⅓컵, 쌀 1컵, 찹쌀 ⅓컵

돼지고기 밑간
파·참기름 2큰술씩, 마늘·간장·통깨 1큰술씩, 설탕 ⅓큰술, 후춧가루 약간

양념간장
달래 50g, 간장 ⅓컵, 물·참기름 2큰술씩, 마늘·통깨 1큰술씩
고춧가루·설탕 1작은술씩

만드는 방법

1. 쌀과 찹쌀은 깨끗이 씻어 30분쯤 물에 불린 뒤 체에 건져 물기를 빼요.

2. 돼지고기는 잘게 썰어 밑간 양념에 버무려요.

3. 김치는 소를 털어내 잘게 다지고, 양념간장은 재료를 잘 섞어요.

4. 냄비에 김치, 돼지고기, 불린 쌀, 물을 차례대로 넣고 뚜껑을 덮어요.

5. 센 불에 5분 정도 끓이다가 중불로 줄여 10분간 끓인 뒤 약불로 줄여 콩나물을
   넣고 5분쯤 뜸을 들인 뒤 양념간장과 함께 내요.

Tip. 멥쌀과 찹쌀의 비율은 기호에 따라 조절하세요.
　　 찹쌀을 섞어 밥을 지을 때는 평소보다 밥물을 약간 적게 잡아야 해요.

콩나물국밥

Recipe

콩나물국밥

재료

콩나물 200g, 배추김치 120g, 달걀 1개, 멸치다시마국물 4컵
대파(송송 썬 것)·청양고추(송송 썬 것) 1큰술씩, 다진 마늘·새우젓 ½큰술씩
밥 1공기, 소금·김가루 약간

만드는 방법

1. 콩나물은 끓는 물에 넣어 3분쯤 삶아요.

2. 삶은 콩나물을 찬물에 헹구어 체에 건져 물기를 빼요.

3. 냄비에 송송 썬 배추김치와 콩나물, 멸치다시마국물을 넣고 센 불에 올려요.

4. 국물이 끓기 시작하면 청양고추와 다진 마늘, 소금을 넣어 간하고 3분쯤 끓인 뒤 불을 꺼요.

5. 여기에 대파와 곱게 푼 달걀물, 김가루, 새우젓을 넣어 밥과 함께 먹어요.

Tip. 소금 대신 새우젓으로 간을 맞추면 국물 맛이 시원하고 개운해요.

콩나물비빔밥

Recipe

콩나물비빔밥

Tip.
콩나물은 익힐 때
뚜껑을 닫고 삶아야
비린내가 나지 않아요.

재료
밥 2공기, 콩나물 200g, 소고기 우둔살(채 썬 것) 150g, 당근 50g
로메인 20g, 물 ⅓컵

소고기 양념
간장·청주 ½큰술씩, 다진 마늘·설탕 1작은술씩, 후춧가루 약간

양념간장
간장 2큰술, 맛술·다진 파·참기름·통깨·다진 풋고추·다진 홍고추 1큰술씩
다진 마늘·고춧가루 1작은술씩

만드는 방법

1. 콩나물은 다듬어 씻은 뒤 체에 건져 물기를 빼요.

2. 1의 콩나물은 냄비에 물과 함께 넣어 3분쯤 삶아 찬물에 씻어 물기를 빼요.

3. 당근은 곱게 채 썰어 찬물에 담가두었다가 물기를 빼요.

4. 소고기는 키친타월로 감싸 핏물을 제거한 뒤 양념에 버무려 볶아요. 양념간장
   재료는 고루 섞어요.

5. 로메인은 깨끗이 씻어 곱게 채썰어요.

6. 그릇에 밥을 담고 콩나물과 당근채, 로메인채, 볶은 소고기를 얹고 양념간장을
   곁들여요.

아삭아삭한 맛
콩나물무침

Recipe

재료

콩나물 200g, 물 2컵
소금 1작은술

양념

대파 ¼대, 참기름 ½큰술, 통깨 1작은술
소금 ⅔작은술, 다진 마늘 ½작은술

만드는 방법

1. 콩나물은 다듬어 씻어 체에 건져 물기를 빼요.

2. 대파는 곱게 다져요.

3. 냄비에 물과 콩나물, 소금을 넣고 뚜껑을 덮어 센 불에서 3분쯤 삶아요.

4. 삶은 콩나물은 넓게 펼쳐 식혀요.

5. 다 식은 콩나물을 양념에 무쳐요.

Tip.

삶은 콩나물을
찬물에 헹구어
식히면 더욱
아삭해요.

매콤한 식감이 별미

매운콩나물무침

Recipe

재료

콩나물 200g, 물 2컵
소금 1작은술

양념

고춧가루·다진 마늘·다진 파·참기름·통깨
1작은술씩, 소금 ½작은술

Tip.

양념 재료에서 고춧가루를
빼면 하얀 콩나물무침이
되는데 비빔밥에 넣어
먹어도 좋아요.

만드는 방법

1. 콩나물은 다듬어 씻은 뒤 체에 건져 물기를 빼요.

2. 냄비에 물과 콩나물, 소금을 넣고 뚜껑을 덮어 센 불에서 3분쯤 삶아요.

3. 삶은 콩나물은 넓게 펼쳐 식혀요.

4. 3의 콩나물을 양념에 고루 무쳐요.

콩나물미나리초무침

Recipe

콩나물미나리
초무침

콩나물 200g, 미나리 100g, 소금 1작은술
홍고추(송송 썬 것)·쪽파(송송 썬 것)·통깨 약간씩

양념

식초·설탕 1큰술씩, 다진 마늘 1작은술, 간장 ½작은술, 소금 ½작은술

만드는 방법

1. 콩나물은 다듬어 씻은 뒤 체에 건져 물기를 빼요.

2. 미나리는 잎을 떼어내고 줄기만 씻어 5cm 길이로 썰어요.

3. 냄비에 물 ⅓컵과 소금, 콩나물을 넣고 뚜껑을 덮어 중불에서 3분쯤 삶아요.

4. 여기에 미나리를 넣고 3분 정도 더 삶아요.

5. 4의 콩나물과 미나리를 체에 받쳐 식혀요.

6. 삶은 콩나물과 미나리, 고추, 쪽파, 양념을 고루 버무리고 통깨를 뿌려요.

Tip. 콩나물과 미나리를 미리 무쳐두면 물이 생기니 먹기 직전에 무치세요.

콩나물다시마냉채

Recipe

콩나물다시마냉채

재료

콩나물 200g, 불린 다시마(5×5cm) 3장, 오이 ½개, 양파 ¼개, 소금 약간

양념

간장·식초·포도씨유 2큰술씩, 맛술 1½큰술, 통깨·설탕 1큰술씩
다진 마늘 ½큰술

만드는 방법

1. 콩나물은 다듬어 씻어 물기를 빼요.

2. 냄비에 물 ½컵과 소금, 콩나물을 넣고 3분쯤 삶아 찬물에 헹구어 물기를 빼요.

3. 양파는 곱게 채 썰어 찬물에 담가 매운맛을 빼고, 오이는 길이로 반 갈라
   어슷하게 썰어요.

4. 불린 다시마는 곱게 채 썰어요.

5. 손질한 채소와 다시마, 양념을 고루 버무려요.

Tip. 다시마는 오래 불리면 진액이 나와 썰기 힘드니 부드럽게 구부러질 정도로만 불리세요.

콩나물잡채

Recipe

콩나물잡채

재료

콩나물 200g, 당면 100g, 풋고추·홍고추 1개씩, 물 ⅓컵
통깨·참기름 약간씩

양념

간장 3큰술, 참기름 2큰술, 설탕·올리고당 1큰술씩, 후춧가루 약간

만드는 방법

1. 콩나물은 다듬어 씻어 체에 건져 물기를 빼요.

2. 당면은 따뜻한 물에 30분 정도 불려요.

3. 고추는 반 갈라 씨를 빼고 채 썰어요.

4. 냄비에 콩나물과 불린 당면, 물을 넣고 뚜껑을 덮어 중불에서 3분쯤 익혀요.

5. 여기에 양념을 넣고 3~5분 볶아요.

6. 당면에 윤기가 돌면 고추와 통깨를 넣어 버무린 다음 참기름을 넣고 섞어요.

Tip. 콩나물과 당면은 중불에서 익히세요. 불이 너무 세면 당면이 냄비에 눌어붙고 골고루 익지
않아요.

2 연근·우엉

유달리 코피를 많이 흘리는 둘아이 때문에 연근으로 안 해본 요리가 없어요.
조림, 전, 튀김, 볶음밥 등을 열심히 해 먹였더니 이젠 코피와 멀어졌어요. 그 덕분에
연근을 이용한 조리법을 많이 개발했지요. 가을에 나오는 햇연근으로 조림, 전, 밥을
지어 보세요. 천고마비의 계절인 이 가을에 책에 있는 레시피로 가족 건강을 챙기세요.

연근 연근은 탄수화물과 식이섬유가 풍부한 식품이에요. 우엉은 당질이 주성분이지만 녹말은 적고 이눌린이 다량 함유돼 신장의 기능을 원활하게 하고 이뇨 작용도 돕는답니다. 또한 열을 내리고 출혈을 막아주며 피부 미용에도 효과적이에요.

연근은 길고 굵은 것이 좋아요. 우엉은 수염뿌리가 적으면서 곧고 쭉 뻗은 날씬한 것이 신선한 거예요.

연근과 우엉은 쓴맛이 강하므로 데쳐서 찬물에 오래 담가두었다가 조리하세요. 보통 흙을 씻어내고 껍질을 벗기는데, 껍질에 특유의 향이 있으니 칼등으로 쓱쓱 가볍게 긁어내는 것이 좋아요. 손질한 우엉과 연근은 적당한 크기로 썰어 냄비에 담고 잠길 정도의 물을 붓고 식초 1작은술을 넣어 살짝 삶으면 아삭한 식감을 살릴 수 있어요.

흙이 묻은 상태로 보관할 때는 젖은 신문지로 감싸 서늘한 곳에 두세요. 껍질을 벗긴 것은 금세 갈변하니 식촛물에 담가 냉장실에 넣어두면 3일 정도 보관 가능해요.

연근전

Recipe

연근전

연근(중) 200g, 다진 소고기 100g, 달걀물 1개 분량, 밀가루 2큰술, 식초 1큰술
포도씨유 적당량

소고기 양념

간장·청주·설탕·참기름 1작은술씩, 맛술 ½작은술

만드는 방법

1. 연근은 껍질을 벗겨 0.5cm 두께로 썰어 식초 섞은 물에 10분쯤 담가둬요.

2. 1의 연근을 끓는 물에 살짝 데친 뒤 찬물에 가볍게 씻어 물기를 빼요.

3. 다진 소고기는 양념에 버무려 10분쯤 재워요.

4. 연근 구멍에 3의 소고기를 채워 넣어요.

5. 4에 밀가루, 달걀물을 묻혀 포도씨유를 두른 팬에서 앞뒤로 노릇하게 구워요.

Tip. 연근전을 바로 먹지 않을 때는 1차로 살짝만 구운 다음 먹기 직전에 노릇하게 색을 내
구워야 아삭한 식감을 제대로 즐길 수 있어요.

연근스테이크

Recipe

연근스테이크

재료
연근·두부 100g씩, 슬라이스 연근 2개, 양파 ½개
소금·후춧가루·포도씨유 약간씩

만드는 방법

1. 연근은 껍질을 벗기고 잘게 다져요.

2. 두부는 키친타월로 눌러 물기를 제거한 뒤 손으로 곱게 으깨요.

3. 양파는 곱게 다져 소금 약간을 넣고 3분쯤 절인 뒤 키친타월로 감싸 꼭 짜요.

4. 1, 2, 3과 소금, 후춧가루를 고루 섞어 치대요.

5. 4의 반죽을 100g씩 동글납작하게 빚은 뒤 슬라이스 연근을 하나씩 올려요.

6. 약불로 달군 팬에 포도씨유를 두르고 5를 올려 앞뒤로 노릇하게 2~3분 정도 구워요.

Tip. 반죽을 오래 치댈수록 재료가 잘 섞여 팬에 부칠 때 부서지지 않아요.

야밤의 맥주도둑

연근우엉칩

Recipe

Tip.
센 불에 튀기면 색이 금방
나고 눅눅해지기 쉬워요.
은근한 온도에서 수분을
날려가며 튀겨야 바삭함이
오래가요.

<u>재료</u>
연근 100g, 우엉 50g, 식초 1큰술, 식용유 적당량

<u>만드는 방법</u>

1. 연근과 우엉은 깨끗이 씻어 껍질을 벗겨 얇게 슬라이스해요.

2. 1을 식초 섞은 물에 10분쯤 담가두었다가 물기를 빼요.

3. 연근과 우엉은 키친타월로 물기를 닦고 160℃ 식용유에 넣어 노릇하게 튀겨요.

달콤 짭조름한 건강 반찬

연근조림

Recipe

Tip.
연근을 조릴 때 두세 번
뒤섞어야 조림장이
골고루 배요.

재료
연근(중) 200g, 식초 1큰술, 통깨 약간

조림장
물 1컵, 간장·설탕 3큰술씩,
포도씨유 2큰술, 맛술·청주 1큰술씩
노두유 ⅓작은술

만드는 방법

1. 연근은 껍질을 벗겨 0.5cm 두께로 썰어 식초 섞은 물에 10분쯤 담가둬요.

2. 1의 연근을 끓는 물에 살짝 데친 뒤 찬물에 가볍게 씻어 물기를 빼요.

3. 냄비에 조림장 재료와 연근을 넣고 약불에서 30분 정도 조려요.

4. 3을 센 불로 가열해 국물이 자작해질 때까지 조려요.

5. 불을 끄고 통깨를 뿌려요.

항산화 작용에 도움을 주는 제철 뿌리채소 밥

연근우엉솥밥

Recipe

Tip.
채소에서 수분이 나오니
밥물을 평소보다 적게
잡아야 고슬고슬한 밥을
지을 수 있어요.

재료

연근·우엉 100g씩, 당근 50g,
표고버섯 2개, 고구마(중) 1개,
다시마국물 1¼컵, 멥쌀 1컵, 찹쌀 ⅓컵,
참기름·맛술·청주 1작은술씩

부추양념장

다진 부추 ½컵, 간장 2큰술
국간장·통깨·고춧가루·맛술·
다진파·참기름 1큰술씩,
후춧가루 약간

만드는 방법

1. 우엉과 당근, 표고버섯, 고구마, 연근은 사방 2cm 크기로 썰어요.

2. 냄비에 불린 쌀과 1의 재료, 참기름, 맛술, 청주, 다시마국물을 넣어요.

3. 3을 센 불에 5분쯤 끓이다가 중불로 줄여 10분, 약불로 5분쯤 뜸을 들인 뒤 고루
   섞어요.

4. 그릇에 4의 밥을 담고 부추양념장 재료를 고루 섞어 곁들여요.

피부에 좋은 반찬
우엉들깨조림

Recipe

재료
우엉 200g, 물 ⅓컵, 들기름 2큰술
식초 1큰술

양념
들깻가루 3큰술, 멸치액젓·간장 1큰술씩
설탕·맛술·다진 마늘 1작은술씩

Tip.
들깻가루를 넣고 오래
조리면 국물이 자작자작한
조림이 안 돼요. 조리
마지막에 들깻가루 양념을
넣어 걸쭉한 국물을
만드세요.

만드는 방법

1. 우엉은 필러로 껍질을 벗겨 7cm 길이로 채 썬 뒤 식초 섞은 물에 10분쯤 담갔다가 물기를 빼요.

2. 냄비에 물, 1의 우엉, 들기름을 넣고 뚜껑을 덮어 중불에서 15분 정도 삶아요.

3. 여기에 양념을 넣고 국물이 자작해지도록 3분쯤 조려요.

연근우엉튀김과
고추장소스

Recipe

연근우엉튀김과
고추장소스

재료

연근·우엉 100g씩, 겨자잎·치커리·로메인·어린잎채소 20g씩, 춘권피 1장
튀김가루 1컵, 물 ¾컵, 식초 1큰술, 마요네즈 1작은술, 미소된장 ½작은술
식용유 적당량

고추장소스

초고추장 1큰술, 꿀·다진 마늘 1작은술씩

만드는 방법

1. 연근은 껍질을 벗겨 0.5cm 두께로 썰고, 우엉은 0.3cm 두께로 어슷하게 썰어요.

2. 1을 식초 섞은 물에 10분쯤 담가두었다가 키친타월로 물기를 닦아요.

3. 2의 연근과 우엉은 튀김가루와 물을 섞은 반죽에 묻혀 170℃ 식용유에 노릇하게 튀겨요.

4. 3의 식용유에 춘권피를 넣고 국자로 눌러 모양을 잡아 재빨리 튀겨내요.

5. 마요네즈와 미소된장을 섞은 다음 겨자잎, 치커리, 로메인, 어린잎채소를 넣어 버무려요.

6. 고추장소스 재료는 고루 섞어요.

7. 그릇에 튀긴 춘권피를 담고 그 속에 채소무침과 연근·우엉 튀김을 올린 다음 고추장소스를 곁들여요.

Tip. 춘권피는 너무 높은 온도의 기름에 튀기면 금세 갈색이 돼요. 그러니 낮은 온도에서 모양을 잡아가며 튀기세요.

우엉채표고버섯볶음

Recipe

우엉채
표고버섯볶음

Tip.
소고기를 볶을 때 양념을
한 번에 다 넣지 말고 한
숟가락씩 넣어가며 볶으면
간이 더 잘 배요.

재료

우엉 150g, 소고기(불고기용) 50g, 쪽파 2대, 표고버섯 3개, 홍고추 ⅓개
양파 ¼개, 식초·포도씨유 1큰술씩, 참기름 ½큰술, 다진 마늘 1작은술
통깨·참기름 약간씩

양념

간장 2큰술, 맛술·설탕·청주·올리고당·통깨 1큰술씩, 참기름 1작은술

만드는 방법

1. 우엉은 껍질을 벗기고 5cm 길이로 채 썰어 식초 섞은 물에 담가두었다가 물기를 빼요.

2. 표고버섯은 젖은 면보로 겉면을 살짝 닦아내고 편으로 썰어요.

3. 홍고추는 반 갈라 씨를 뺀 다음 채 썰어요. 쪽파는 5cm 길이로 썰고, 양파는 채 썰어요.

4. 양념 재료는 고루 섞어요.

5. 중불로 달군 팬에 포도씨유를 두르고 다진 마늘과 소고기를 넣고 3분쯤 볶다가 4의 양념 1큰술을 넣어 살짝 더 볶아요.

6. 여기에 1의 우엉을 넣고 볶아요.

7. 6에 표고버섯과 양파, 나머지 양념을 모두 넣고 센 불에서 물기가 없어질 때까지 볶아요.

8. 불을 끄고 홍고추, 쪽파, 통깨, 참기름을 넣어 가볍게 섞어요.

우엉잡채

Recipe

우엉잡채

재료

우엉 200g, 떡볶이 떡 100g, 피망 2개, 양파 1개, 참기름 1큰술
검은깨·후춧가루 ⅓작은술씩, 식초·포도씨유 약간씩

우엉채 양념

간장·꿀·맛즙 2큰술씩, 맛술 1큰술

떡 양념

간장 2큰술, 설탕 1½큰술, 맛술 1큰술, 소금·후춧가루 ⅓작은술씩

만드는 방법

1. 양파는 0.2cm 두께로 채 썰고, 피망은 0.3cm 두께로 채 썰어요.

2. 우엉은 곱게 채 썰어 식초 섞은 물에 10분쯤 담가두었다가 물기를 빼요.

3. 떡볶이 떡은 하나씩 떼어 길이로 반 갈라 찬물에 담가둬요.

4. 달군 팬에 포도씨유를 두르고 양파와 피망을 살짝 볶아내요.

5. 4의 팬에 우엉채를 볶다가 양념을 넣고 3분쯤 조려내요.

6. 5의 팬에 불린 떡과 양념을 넣고 볶아요.

7. 4, 5, 6의 재료와 검은깨, 후춧가루, 참기름을 고루 버무려요.

Tip. 재료를 각각 볶아야 고유의 맛이 살아 맛있어요.

두고두고 먹는
든든한 밑반찬
우엉장아찌

Recipe

우엉장아찌

재료
우엉 200g, 청양고추 3개

절임물
간장·물 ½컵씩, 설탕·식초 3큰술씩

만드는 방법

1. 우엉은 필러로 껍질을 벗기고 어슷하게 썰어 식초 섞은 물에 담가둬요.

2. 1의 우엉을 끓는 물에 살짝 데쳐 찬물에 헹구어 물기를 빼요.

3. 청양고추는 깨끗이 씻어 2cm 길이로 썰어요.

4. 냄비에 절임물 재료를 넣어 끓기 시작하면 불을 끄고 식혀요.

5. 밀폐용기에 우엉과 청양고추를 담고 식힌 절임물을 부어요.

6. 5의 뚜껑을 닫아 상온에 두었다가 다음 날 냉장실에 넣어두고 3일 뒤에 먹어요.

Tip. 장아찌를 오래 두고 먹으려면 3일 후 국물만 따라내 한 번 더 끓인 다음 식혀서 부으세요. 이렇게 하면 장아찌의 식감도 더 아삭해지고 오래 보관할 수 있답니다.

3. 무

무에는 탄수화물 위주의 식사를 하는 한국인에게 좋은 아밀라아제라는 효소가
들어 있어요. 아밀라아제는 소화를 돕기 때문에 천연 소화제로 불리지요.
고기를 먹을 때나 소화가 안 될 때 무즙이나 동치미를 먹으면 바로 효과를 볼
수 있어요. 특히 무의 껍질에는 비타민 C가 2배 이상 함유돼 있으니 껍질까지
섭취하는 것이 좋아요. 김치를 담글 때도 껍질을 벗기지 말고 이용하세요.

종류

무 무는 소화를 돕고 장운동에 도움을 주어 위가 약한 사람이나 변비가 있는 사람에게 특히 좋아요. 매운 성분에 살균 작용이 있고 비타민 C가 풍부해 감기에도 도움이 된답니다.

선택

무는 뿌리 부분이 하얗게 윤기가 있고 단단한 것을 고르세요. 손으로 들어보아 묵직한 것이 좋아요. 김장 담글 때 사용할 무는 단단하고 수분이 많은 조선무가 제격이죠. 원통형에 머리 쪽이 푸른 무를 고르세요.

손질

잔뿌리를 다듬고 흙을 털어 흐르는 물에 깨끗이 씻어요.

보관

흙이 묻은 채로 보관할 때는 무청을 자르고 신문지에 싸서 바람이 잘 통하고 볕이 들지 않는 곳에 두세요. 손질한 무는 키친타월로 감싸 지퍼백에 넣어둬요.

기본이 되는 즉석 반찬
무생채

Recipe

Tip.
무채를 먼저 고춧가루에
버무려두면 붉은색이 들어
무생채가 먹음직스러워요.

재료
무 500g, 쪽파 5대

양념
고운 고춧가루 2큰술, 설탕·멸치액젓 1큰술씩
참치액젓 ½큰술, 다진 마늘 1작은술
소금 ½작은술

만드는 방법

1. 무는 깨끗이 씻어 중간 굵기 채칼로 채 쳐요.

2. 쪽파는 3cm 길이로 썰어요.

3. 무채에 고춧가루를 뿌려 버무려요.

4. 여기에 쪽파와 나머지 양념 재료를 넣고 버무려요.

집에서 손쉽게 만드는 식당 반찬

냉면집 무생채

Recipe

재료
무 500g

양념
설탕 2큰술, 식초 1큰술
고운 고춧가루·멸치액젓·소금 1작은술씩

만드는 방법

1. 무는 결대로 굵게 채 쳐요.

2. 무채에 고운 고춧가루를 뿌려 버무려요.

3. 여기에 나머지 양념 재료를 넣고 무쳐요.

Tip.
무생채를 만들 때 굵은
고춧가루를 넣으면 겉돌아
붉은색 물이 곱게 들지
않아요. 고운 고춧가루가
없을 때는 믹서에 갈아서
사용하세요.

시래기무밥

Recipe

시래기무밥

재료
무·시래기 100g씩, 쌀 1컵, 물 1컵

시래기 밑간
들기름 ½큰술, 국간장 1작은술, 다진 마늘 ½작은술

양념장
간장 2큰술, 국간장·통깨 ½큰술씩, 참기름·다진 마늘·고춧가루 1작은술씩
달래(또는 쪽파) 약간

만드는 방법

1. 쌀은 30분 정도 불려서 물기를 빼요.

2. 무는 굵게 채 썰고, 양념장 재료는 고루 섞어요.

3. 시래기는 미지근한 물에 3시간쯤 불린 뒤 끓는 물에 30분 정도 삶아 그대로
   식힌다음 여러 번 헹구어 물기를 꼭 짜고 3cm 길이로 썰어 밑간 양념에 버무려요.

4. 냄비에 쌀, 물, 시래기, 무채 순으로 넣고 끓기 시작하면 중불로 10분쯤 끓이다가
   약불로 줄여 10분간 뜸을 들여요.

5. 그릇에 골고루 섞은 밥을 담고 2의 양념장을 곁들여요.

무나물

Recipe

무나물

재료
무 400g, 멸치국물 ½컵, 물 3큰술, 대파(채 썬 것)·홍고추(채 썬 것) 약간씩

양념
맛술·들기름 1큰술씩, 국간장 ½큰술, 소금 ½작은술

만드는 방법

1. 무는 채 썰어 냄비에 담고 물 3큰술을 넣어 뚜껑을 덮고 익혀요.

2. 1의 무가 숨이 죽으면 양념을 넣고 볶아요.

3. 멸치국물을 넣고 뚜껑을 덮어 3분 정도 익혀요.

4. 여기에 채 썬 대파와 홍고추를 넣어 섞어요.

Tip. 무채를 먼저 양념에 버무린 다음 약불에서 뚜껑을 덮고 푹 익히면
국물이 자박자박하면서 맛있는 무나물이 돼요.

밥에 비벼 먹으면 더 맛있는 반찬

무조림

Recipe

Tip.
무의 모서리를 둥글려
깎으면 조리할 때
으스러지지 않아 깔끔해요.

재료

무 500g
국물용 멸치 10마리, 물 ½컵

양념장

간장 3큰술, 참기름 2큰술, 고춧가루 1½ 큰술
설탕·참치액젓 1큰술씩, 국간장·마늘 1작은술씩

만드는 방법

1. 무는 사방 5cm 크기로 큼직하게 잘라요.

2. 냄비에 무와 멸치, 물을 넣어요.

3. 양념장 재료를 고루 섞어 2에 넣고 센 불에 올려 끓으면 약불로 줄여 뚜껑을 닫아 30분쯤 조려요.

시판 제품보다 맛있는 홈메이드 반찬
쌈무

Recipe

재료
무 500g

절임물
물 1컵, 식초·설탕 4큰술씩, 맛술 1큰술, 고추냉이 ⅓큰술, 소금 2작은술

만드는 방법

1. 무는 채칼로 얇게 슬라이스해요.
2. 절임물 재료를 섞은 다음 1의 무를 넣고 3시간쯤 절인 뒤 냉장고에 보관해요.

Tip.
쌈무에 색을 내고 싶으면
절임물에 녹차나 오미자
우린 물 등을 섞으세요.
쌈무는 고기를 먹을 때나
냉면, 국수를 먹을 때
곁들이면 좋아요.

무말랭이진미채무침

Recipe

무말랭이진미채무침

재료
무말랭이·진미채 100g씩, 쪽파 3대

무말랭이 밑간
간장 3큰술, 매실청 2큰술, 설탕 1큰술, 국간장·멸치액젓 1작은술씩

진미채 양념
통깨 3큰술, 고추장·참기름·올리고당 2큰술씩

양념
고춧가루 2큰술, 참기름·통깨 1큰술씩, 참치액젓·국간장·마늘 1작은술씩

만드는 방법

1. 무말랭이는 여러 번 씻어 물기를 빼고 밑간 양념에 버무려 하룻밤 재워요.

2. 진미채는 김 오른 찜기에 7분쯤 쪄낸 뒤 3cm 길이로 잘라 양념에 무쳐요.

3. 1과 2, 양념을 고루 버무려요.

4. 여기에 3cm 길이로 썬 쪽파를 넣어 섞어요.

Tip. 무말랭이를 밑간해 하룻밤 재우면 양념이 잘 배고 무가 적당히 불어 부드러워져요.
꼬들꼬들한 맛을 원한다면 5시간 정도만 재우세요.

무파채샐러드

Recipe

무파채샐러드

재료
무 200g, 대파(흰 부분) 2대

양념
포도씨유 2큰술, 간장·식초·통깨 1큰술씩, 설탕 2작은술

만드는 방법

1. 무는 껍질을 벗기고 1.5×5cm 크기로 얇게 썰어요.

2. 대파는 5cm 길이로 잘라 반 가른 뒤 속대를 제거하고 곱게 채 썰어요.

3. 무와 파채를 찬물에 10분쯤 담가두었다가 키친타월로 물기를 닦아요.

4. 3의 무와 양념을 골고루 버무린 다음 파채를 넣어 살짝 섞어요.

Tip. 무와 파채를 찬물에 담가두면 식감도 아삭해지고 매운맛도 빠져서 샐러드로 먹기 좋아요.

4. 고추·파프리카

고추는 몸속을 데우는 효능이 있어요. 성질이 뜨겁고 맛이 아주 매워서 몸이 차고 소화기관이 약한 사람에게 아주 좋지요. 고추의 매운맛은 식욕을 돋우어 스트레스를 받거나 예민해져 있을 때 떡볶이나 매운 낙지볶음 등을 먹으면 도움이 돼요. 알이 잘 풀리지 않거나 피곤할 때 매운맛 나는 요리를 만들어보세요. 스트레스가 한 방에 날아갈 거예요.

종류

피망
조금 매운맛이 나는데 과피가
얇고 질기며 파프리카보다
홀쭉하게 생겼어요.

풋고추
청양고추보다 매운맛이 덜하고
수분이 많아요. 살짝 매콤하면서
아삭한 맛이 일품이죠.

청양고추
우리나라 고추 가운데 가장
매운맛을 내는 고추로 김장이나
고추장을 담글 때, 각종 요리에
넣으면 칼칼한 맛을 내요.

오이고추
피망과 고추를 교잡한
품종으로 매운맛이 거의
없고 오이 맛이 나서
아이들도 잘 먹어요.
아삭이 고추라고도
하지요.

꽈리고추
일반 고추와 달리 표면이
쭈글쭈글한데 약간 매운맛이 돌아요.
주로 조림이나 볶음에 이용하죠.

파프리카
단맛이 돌고 상큼한 맛이 나며
과피가 두껍지만 아삭하지요.
겉면이 탱탱하고 윤기가 나요.

선택

고추와 피망, 파프리카는 색이 진하
고 윤이 나는 것을 고르세요. 꼭지가
단단하고 마르지 않은 것이 신선한
거예요.

손질

꼭지를 따고 흐르는 물에 깨끗이 씻
어요.

보관

키친타월로 감싸 지퍼백에 담아 냉장
고에 보관해요.

꽈리고추찜

Recipe

꽈리고추찜

꽈리고추 200g, 찹쌀가루 3큰술

양념
간장 2큰술, 매실청·다진 마늘·다진 쪽파·참기름·통깨 1큰술씩
고춧가루·다진 홍고추 ½큰술씩, 국간장 1작은술

만드는 방법

1. 꽈리고추는 깨끗이 씻어 포크로 구멍을 내요.

2. 1에 찹쌀가루를 뿌리고 겉에 골고루 묻도록 버무려요.

3. 김 오른 찜기에 꽈리고추를 넣고 5분간 쪄요.

4. 3을 꺼내어 넓게 펼쳐 식혀요.

5. 꽈리고추찜에 골고루 섞은 양념을 넣고 버무려요.

Tip. 찹쌀가루가 없으면 밀가루와 녹말가루를 1:1 비율로 섞어 쓰세요.

고추튀김

Recipe

고추튀김

재료
다진 소고기·두부 100g씩, 모차렐라치즈 30g, 풋고추 10개, 양파 ½개
밀가루·달걀물·소금 약간씩, 식용유 적당량

양념
참기름 1큰술, 마늘 1작은술, 소금 ¼작은술

만드는 방법

1. 고추는 깨끗이 씻어 가운데에 세로로 칼집을 넣고 숟가락으로 씨를 긁어내요.

2. 다진 소고기와 두부는 키친타월에 올려 각각 핏물과 물기를 제거해요.

3. 양파는 곱게 다져 소금 약간을 넣어 10분쯤 절인 뒤 키친타월로 감싸 물기를 짜요.

4. 2와 3, 모차렐라치즈, 양념을 고루 섞어 치대요.

5. 손질한 고추 안쪽에 밀가루를 살짝 바르고 4를 채워 넣어요.

6. 고추에 밀가루, 달걀물을 묻힌 뒤 170℃ 식용유에 3~4분 정도 노릇하게 튀겨요.

Tip. 다진 양파를 소금에 절여 반죽에 넣으면 겉돌지 않고 고루 잘 섞여요.

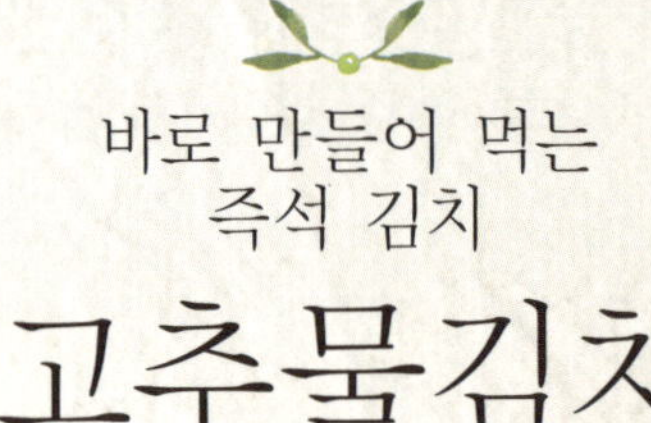

고추물김치

Recipe

고추물김치

재료

영양부추 50g, 오이고추 10개, 마늘 3쪽, 홍고추 1개, 양파 ½개, 생강 1쪽
설탕 ½큰술, 소금 ½작은술

김칫국물

물 3컵, 양파즙·배즙 2큰술씩, 맛즙 ½컵, 참치액젓 1큰술, 꽃소금 ½큰술
설탕·그린스위트 1작은술씩

만드는 방법

1. 오이고추는 깨끗이 씻어 가운데 부분에 세로로 칼집을 넣고 숟가락으로 씨를
   긁어내요.

2. 부추는 5cm 길이로 썰고, 양파는 곱게 채 썰어요.

3. 마늘과 생강은 곱게 채 썰고, 홍고추는 씨를 털어내고 채 썰어요.

4. 2와 3에 소금과 설탕을 넣고 버무려 10분쯤 절여요.

5. 4의 채소가 약간 숨이 죽으면 1의 오이고추 사이에 채워 넣고 통에 차곡차곡 담아
   3시간 정도 상온에서 숙성시켜요.

6. 김칫국물 재료를 고루 섞어요.

7. 5에 김칫국물을 붓고 6시간 정도 익힌 뒤 냉장고에 보관해요.

Tip. 물김치 국물의 단맛을 낼 때는 설탕보다 칼로리가 적고 혈당지수가 낮은 그린스위트를
사용해보세요. 오래 두고 먹어도 끈끈한 진액이 나오지 않아 국물이 깔끔해요.

고추가 아삭하게 씹히는 전
고추전

Recipe

고추전

재료

다진 돼지고기 안심 100g, 오이고추 7개, 달걀 1개, 밀가루 3큰술
굵은소금·포도씨유 약간씩

돼지고기 밑간

다진 양파 ⅓개, 다진 마늘 1작은술, 참기름 ½작은술, 소금 ¼작은술
후춧가루 약간

만드는 방법

1. 오이고추는 깨끗이 씻어 반 갈라 씨를 제거하고 굵은소금을 뿌려 5분쯤 절여요.

2. 절인 오이고추는 키친타월로 물기를 닦아요.

3. 다진 돼지고기는 키친타월로 감싸 핏물을 제거한 뒤 밑간하고, 두부는 키친타월로 감싸 물기를 제거해요.

4. 다진 돼지고기와 두부를 고루 섞어 치대요.

5. 절인 오이고추 안쪽에 밀가루를 묻히고 4를 채워 넣어요.

6. 고기를 채운 쪽에 밀가루, 달걀물을 묻혀요.

7. 팬에 포도씨유를 두르고 고기 넣은 면이 바닥에 닿도록 올려 노릇하게 지져요.

Tip. 오이고추를 소금에 약간 절이면 숨이 살짝 죽어 전을 부칠 때 부서지지 않아 모양이 예뻐요.

자주 먹어도 질리지 않는 반찬

꽈리고추마늘볶음

Recipe

재료

꽈리고추 200g, 멸치(조림용) 100g, 마늘 7쪽
포도씨유 2큰술, 통깨 1큰술, 참기름 1작은술

양념

간장·청주 2큰술씩, 설탕·
맛술·올리고당·매실액 1큰술씩

만드는 방법

1. 멸치는 달군 팬에 바삭하게 볶다가 포도씨유를 넣고 1~2분 더 볶아요.

2. 꽈리고추는 포크로 구멍을 내고, 마늘은 저며 썰어요.

3. 팬에 양념 재료를 넣고 끓으면 마늘, 꽈리고추, 멸치 순으로 넣어 재빨리 볶아요.

4. 불을 끄고 참기름과 통깨를 넣어 섞어요.

Tip.
꽈리고추에 구멍을
내면 간이 잘 배어
맛있어요.

고추와 보리밥의 조화가 별미

고추보리된장무침

Recipe

재료

오이고추 8개
보리밥 2큰술

양념

집된장·시판 된장·다진 마늘·매실액·올리고당·참기름
1큰술씩, 통깨 ½큰술

만드는 방법

1. 오이고추는 깨끗이 씻어 한입 크기로 잘라요.

2. 보리밥을 지어 식혀요.

3. 양념을 고루 섞은 뒤 보리밥, 고추를 넣어 고루 버무려요.

Tip.

고기를 구워 먹을 때 곁들이
반찬으로 좋아요. 양파도
같이 버무리면 아삭한 맛을
즐길 수 있어요.

고추오징어채김밥

Recipe

고추오징어채김밥

밥 2공기, 오징어채 100g, 김 4장, 청양고추 4개, 통깨·참기름 1큰술씩

오징어채 양념
간장·올리고당 1큰술씩, 맛술 ½큰술, 참기름·통깨 약간씩

청양고추 양념
간장·물 2큰술씩, 설탕·다진 마늘 1작은술씩

만드는 방법

1. 오징어채는 김이 오른 찜기에 넣어 3분 정도 쪄요.

2. 팬에 오징어채와 양념을 넣고 끓기 시작하면 불을 끄고 고루 섞어요.

3. 냄비에 4등분한 청양고추와 양념을 넣고 중불에 올려 끓기 시작하면 불을 꺼요.

4. 3의 청양고추는 잘게 다져요.

5. 반으로 자른 김에 밥을 ⅔정도 얇게 펴요.

6. 여기에 2의 오징어채와 다진 청양고추를 올리고 돌돌 말아 3cm 길이로 썰어요.

Tip. 오징어채 대신 반건조 오징어를 조려도 맛있어요.

5. 오이

오이는 수분 함량이 많아 피부에 수분을 공급하여 피부 미용에 효과적이에요. 95%가 수분으로
이루어져 칼로리가 낮을 뿐 아니라 이뇨 작용이 원활하도록 돕지요. 오래 두고 먹을 수 있는
오이소박이와 바로 무쳐 먹는 오이장아찌 등 다양한 음식으로 오이의 효과를 즐겨보세요.

종류

오이 오이는 칼륨이 풍부한 알칼리성 식품으로 이뇨 작용을 해요. 체내의 노폐물과 중금속을 배출시키며 고혈압, 저혈압, 기관지염, 탈모, 류머티즘 등의 예방 및 치료에 도움을 주지요. 또한 비타민 C가 풍부해 피부 미용에도 좋답니다.

선택

모양이 반듯하고 굵기가 고른 것, 단단한 것이 좋아요. 윤기가 없고 만져 보아 탄력이 없는 것, 구부러진 것은 맛이 없답니다. 쓴맛이 덜하고 아삭아삭한 것이 물김치나 무침, 샐러드에 넣어도 맛있어요.

손질

굵은소금을 뿌리고 고무장갑 낀 손바닥으로 문질러 닦은 뒤 깨끗이 헹궈요. 오이의 잔가시와 잔여 농약을 제거하는 데 아주 효과적이에요.

보관

오이는 흐르는 물에 씻어 물기를 닦은 뒤 신문지로 감싸 지퍼백에 담아 냉장 보관하세요. 오이를 싱싱하게 즐기려면 구입 후 1~2일 안에 먹는 것이 좋아요. 일주일 이상 보관하면 물러지니 주의하세요.

청량감 있는 여름 냉국

오이냉국

Recipe

Tip.

냉국용 오이는 진한 초록색
취청오이보다 색이 연한
다다기오이가 잘 어울려요.
오이를 고를 때는 날씬하면서
길고 까슬까슬한 것을
택하세요. 너무 통통한
것은 안에 씨가 많고 맛이
덜하답니다.

재료

오이 2개, 얼음 15개
물 4컵

양념

식초 4큰술, 멸치액젓·통깨 3큰술씩, 설탕 2큰술
간장·다진 파·다진 마늘 1큰술씩
고춧가루·소금 1작은술씩

만드는 방법

1. 오이는 얇게 채 썰어요.

2. 1의 오이채를 양념에 고루 버무려요.

3. 그릇에 2를 담고 물을 부은 뒤 얼음을 넣어요.

손쉽게 버무려 먹는 간편 김치

오이송송이

Recipe

재료
부추 50g, 오이 3개, 꽃소금
1큰술, 그린스위트 1작은술

양념
고춧가루 3큰술, 다진 마늘·멸치액젓 1큰술씩
생강·설탕·새우젓 1작은술씩

Tip.
오이를 소금과 그린스위트에
절인 뒤 양념에 버무리면
간이 잘 배어 끝까지 맛있게
먹을 수 있어요.

만드는 방법

1. 오이는 깨끗이 씻어 길게 반 갈라 2cm 길이로 썰어요.

2. 1의 오이를 꽃소금, 그린스위트에 버무려 30분쯤 절인 뒤 물기를 빼요.

3. 부추는 3cm 길이로 썰어요.

4. 절인 오이와 부추, 양념을 고루 버무려 상온에서 반나절 익혀요.

오이소박이

Recipe

오이소박이

Tip.
절인 오이는 물기를 확실히
빼야 나중에 김치에 물이
생기지 않아요.

재료
오이 10개, 굵은소금 500g, 물 2ℓ

김칫소
부추 150g, 양파·보리밥 100g씩, 고춧가루 6큰술, 멸치액젓 2큰술, 매실액 3큰술
다진 마늘 2큰술, 설탕·소금 1큰술씩, 생강 1작은술

만드는 방법

1. 오이는 굵은소금으로 문지른 뒤 깨끗이 씻어요.

2. 1의 오이를 3cm 길이로 잘라 끝 부분을 0.5cm 정도 남기고 십자로 칼집을 넣어요.

3. 2에 굵은소금을 뿌려 30분 정도 절여요.

4. 절인 오이를 흐르는 물에 씻어 체에 건져 물기를 빼요.

5. 부추와 양파는 곱게 다져요.

6. 5와 나머지 김칫소 재료를 고루 섞어요.

7. 절인 오이에 김칫소를 채워 넣어요.

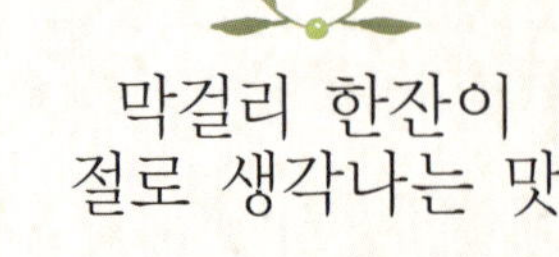

오이묵무침

Recipe

오이묵무침

재료

도토리묵 1팩(300g), 배추김치 100g, 김자반볶음 20g, 오이 ½개, 무순 약간

양념장

매실청·다진 파·통깨·참기름·고춧가루·간장 1큰술씩, 참치액젓 ½큰술
설탕·다진 마늘 1작은술씩, 후춧가루 약간

만드는 방법

1. 도토리묵은 3×4cm 크기로 납작하게 썰어요.

2. 오이는 깨끗이 씻어 길게 반 갈라 어슷하게 썰어요.

3. 배추김치는 줄기만 준비해 1cm 폭으로 채 썰어 국물을 살짝 짜요.

4. 양념장 재료는 고루 섞어요.

5. 도토리묵에 양념장의 ⅓ 분량을 넣고 버무려요.

6. 여기에 김치와 나머지 양념장, 오이, 김자반볶음을 넣어 섞어요.

7. 접시에 오이묵무침을 담고 무순을 올려요.

Tip. 김자반볶음은 마지막에 넣어 버무리거나 위에 뿌려야 맛있어요.

산뜻한 맛과 식감이 특징

오이쑥갓겉절이

Recipe

Tip.
겉절이는 먹기 직전 양념에
무쳐야 물이 안 생겨요.

쑥갓 50g, 오이 1개
홍고추 ½개, 양파 ¼개

간장·식초·설탕·통깨 1큰술씩, 고춧가루
½큰술, 참기름 1작은술

1. 오이는 길게 반 갈라 어슷하게 썰어요.

2. 양파는 곱게 채 썰고, 고추는 반 갈라 씨를 긁어낸 뒤 채 썰어요.

3. 쑥갓은 억센 줄기를 제거하고 깨끗이 씻어 물기를 빼고 4cm 길이로 썰어요.

4. 손질한 채소와 양념을 살살 버무려요.

볶아서 더 부드럽고 아삭한 맛
오이나물

Recipe

재료
오이 1개, 포도씨유 1큰술
소금 ⅓작은술

양념
다진 마늘·통깨·참기름 1작은술씩

Tip.
오이는 중불에 살짝만
볶아야 식감이 좋아요.

만드는 방법

1. 오이는 깨끗이 씻어 0.3cm 두께로 동그랗게 썰어요.

2. 1의 오이는 소금에 10분쯤 절인 뒤 키친타월로 감싸 물기를 없애요.

3. 팬에 포도씨유를 두르고 다진 마늘을 중불로 살짝 볶은 뒤 절인 오이를 넣고
   2~3분 정도 볶아요.

4. 여기에 참기름, 통깨를 넣고 고루 버무려요.

오이간장장아찌무침

Recipe

오이간장장아찌 무침

재료
백오이 30개, 굵은소금 적당량, 실파·깨·참기름 약간씩

절임물
멸치(국물용) 30g, 마늘 10쪽, 생강 3쪽, 레몬 1개, 간장·물엿·물 5컵씩, 설탕 3컵, 소주 ½컵

만드는 방법

1. 오이는 굵은소금으로 문지른 뒤 흐르는 물에 씻어요.

2. 냄비에 절임물 재료를 넣고 5분 이상 끓여요.

3. 밀폐용기에 오이를 담고 위에 체를 걸친 다음 2의 절임물을 붓고 무거운 것으로 눌러놔요.

4. 3의 국물만 따라내 끓인 다음 완전히 식혀서 다시 오이에 부어요.

5. 4를 3일간 상온에 두었다가 국물을 따라내고 한 번 더 끓여 식힌 뒤 부어 냉장고에 보관해요.

6. 잘 익은 오이장아찌는 키친타월로 물기를 살짝 닦고 0.2cm 두께로 썰어요.

7. 오이장아찌에 실파, 깨, 참기름을 넣고 버무려 먹어요.

Tip. 오이장아찌는 물에 씻지 말고 키친타월로 가볍게 닦은 뒤 무치세요.
그래야 간장절임물의 맛과 참기름의 맛이 어우러져 맛있어요.

부드러운 속살에
아삭아삭 씹히는 맛

오이맛살마요네즈무침

Recipe

오이맛살
마요네즈무침

재료
오이 1개, 양파 ⅓개, 맛살 3줄, 굵은소금 약간

마요네즈소스
마요네즈 2큰술, 식초·통깨 1큰술씩, 머스터드 ½큰술, 설탕·다진 마늘 1작은술씩
후춧가루 약간

만드는 방법

1. 오이는 깨끗이 씻어 굵게 채 썰고, 양파는 곱게 채 썰어 물에 담가둬요.

2. 맛살은 잘게 찢어요.

3. 오이채는 소금에 버무려 10분쯤 절인 뒤 키친타월로 감싸 물기를 짜요.

4. 절인 오이채와 양파, 맛살, 마요네즈소스를 고루 버무려요.

Tip. 맛살은 칼로 썰지 말고 손으로 잘게 찢어야 식감도 좋고 더 맛있어 보여요.

오이고추냉이절임

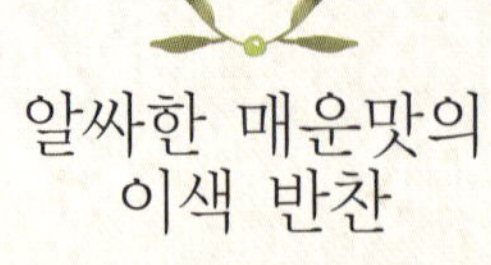

Recipe

오이고추냉이절임

재료
오이 400g, 물 ½컵, 소금 1작은술

고추냉이소스
식초 2큰술, 설탕·고추냉이 1큰술씩, 간장 ½작은술

만드는 방법

1. 오이는 깨끗이 씻어 어슷하고 촘촘하게 ⅔ 깊이까지 칼집을 내요.

2. 뒷면도 1과 마찬가지로 전체에 칼집을 넣고 소금물에 30분쯤 절여요.

3. 고추냉이소스 재료는 고루 섞어요.

4. 절인 오이는 키친타월로 감싸 물기를 없애요.

5. 4의 오이를 고추냉이소스에 고루 묻혀 2cm 길이로 잘라요.

6. 오이의 양끝을 잡고 한 번 돌려 모양을 내요.

Tip. 칼집을 너무 깊게 넣으면 오이가 잘라질 수 있으니 주의하세요.

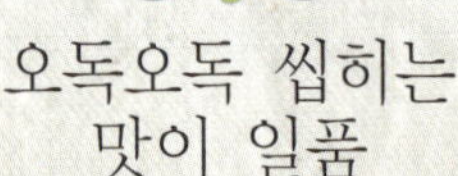

오이지오니기리

Recipe

오이지오니기리

재료
밥 2공기, 오이지 1개, 김 1장, 통깨 1작은술, 참기름·소금 약간씩

오이지 양념
올리고당 1큰술, 고춧가루·설탕·참기름·다진 마늘·다진 파 1작은술씩

만드는 방법

1. 오이지는 얇게 썰어 물에 30분쯤 담가두었다가 키친타월로 감싸 물기를 없애요.

2. 1의 오이는 굵게 다져요.

3. 다진 오이지를 양념에 버무려요.

4. 밥과 참기름, 소금을 고루 섞어요.

5. 4의 밥을 100g 정도씩 나누어 안에 3의 오이지무침을 넣고 삼각형 모양으로 빚어요.

6. 5의 모서리에 통깨를 묻힌 뒤 김을 4등분해 가운데에 돌려 붙여요.

Tip. 오이지 양념에 설탕을 넣어 버무리면 짠맛을 줄일 수 있어요.

6. 감자

튀기고 굽고 찌고 볶는 다양한 조리
법으로 훌륭한 맛을 내는 감자는 섬
유질이 풍부하고 성인병을 예방하는
식품이에요. 가족의 건강을 위해 감
자로 맛있는 요리를 만들어 주세요.

수미감자 우리나라에 가장 많은 감자 품종으로 저장성이 좋고 전분이 많아 포슬포슬한 맛이 특징이에요. 쉽게 부서지는 게 단점이지요.

알감자 8~10월이 제철인 감자로 일반 감자보다 작고 동글동글한데 대개 껍질째 조리해요.

감자는 껍질에 주름이 없고 매끈하며, 묵직하면서 단단한 것이 좋아요. 싹이 나거나 녹색 빛깔이 도는 것은 피하세요.

감자는 보통 깨끗이 씻어 껍질째 조리해 먹거나 필러로 껍질을 벗겨 이용하죠. 껍질을 까면 금세 갈변하니 물에 바로 담가두세요.

바구니에 사과와 같이 넣어 바람이 잘 통하는 곳에 보관하면 감자에 싹이 나는 것을 방지할 수 있어요. 껍질을 벗긴 감자는 찬물에 담가두었다가 물기를 닦고 지퍼백에나 랩으로 싸서 냉장 보관하세요.

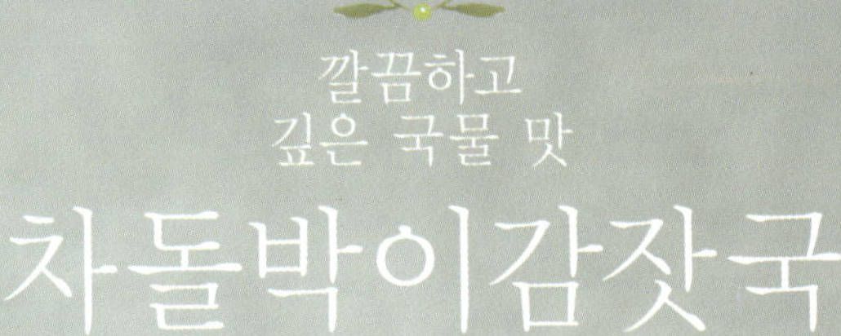

차돌박이감잣국

Recipe

차돌박이감잣국

재료

차돌박이 200g, 감자 2개, 쪽파 2대, 홍고추 1개, 양파 ⅓개, 다시마국물 3컵
국간장 1큰술, 참치액젓 1작은술, 소금 약간

만드는 방법

1. 감자는 0.5cm 두께로 채 썰어 찬물에 담가 녹말을 뺀 뒤 체에 건져 물기를 빼요.

2. 양파는 0.5cm 두께로 채 썰고, 쪽파는 3cm 길이로 썰고, 홍고추는 어슷하게
   썰어요.

3. 달군 냄비에 차돌박이를 넣어 살짝 볶아요.

4. 여기에 다시마국물을 붓고 끓기 시작하면 감자채를 넣어요. 다시 끓으면 2의
   양파와 국간장, 참치액젓을 넣어요.

5. 국물이 끓어오르면 쪽파와 홍고추를 넣고 소금으로 간을 맞춰요.

Tip. 감자는 찬물에 담가 녹말을 빼고 국을 끓여야 부서지지 않고 국물이 맑아요.

우거지돼지감자탕

Recipe

우거지돼지감자탕

재료

돼지 등뼈 1kg, 삶은 우거지 350g, 깻잎 20장, 감자 4개, 풋고추·홍고추 1개씩
물 2ℓ, 들깻가루·청주 2큰술씩, 된장 1큰술

맛국물

마늘 5쪽, 생강 2쪽, 대파 1대, 양파 1개, 물 2ℓ, 통후추 ½큰술

양념

고춧가루 3큰술, 마늘·청주·참치액젓 1큰술씩, 국간장 ½큰술, 꽃소금 1작은술

Tip.
조금씩 떨어지는 흐르는
수돗물에 등뼈를 담가
핏물을 빼면 중간에 물을
갈아줄 필요가 없어
편리해요.

만드는 방법

1. 등뼈는 찬물에 3시간 정도 담가 핏물을 빼요. 중간에 한 두번 물을 갈아줘요.

2. 냄비에 물, 된장, 청주를 넣고 끓기 시작하면 1의 등뼈를 넣어 15분쯤 삶은 뒤 찬물에 씻어요.

3. 냄비에 맛국물 재료를 넣고 중불에서 30분 정도 끓여요.

4. 감자는 껍질을 벗기고 5분쯤 찬물에 담가 녹말을 빼요.

5. 냄비에 3의 맛국물과 등뼈, 삶은 우거지, 감자를 넣고 중약불에 올려요.

6. 국물이 끓으면 양념을 넣고 10분쯤 더 끓여요.

7. 깻잎은 4등분하고, 고추는 어슷하게 썰어요.

8. 6에 깻잎과 고추를 넣고 들깻가루를 뿌려요.

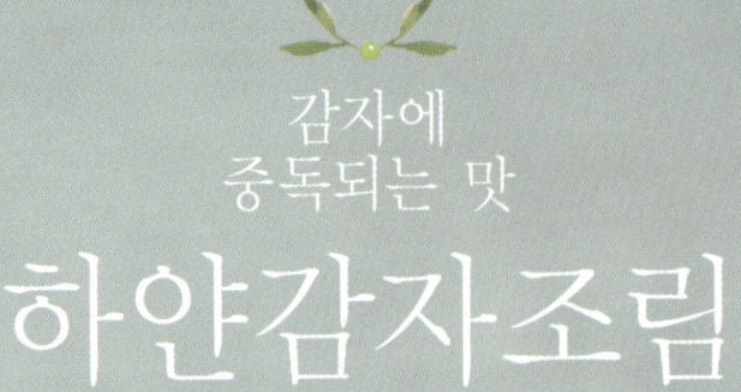

하얀감자조림

Recipe

하얀감자조림

재료
감자(중) 3개, 흰 올리고당 4큰술, 설탕 1큰술, 검은깨 1작은술

양념
물 1컵, 간장 ½큰술, 소금 1⅓작은술

만드는 방법

1. 감자는 껍질을 벗기고 사방 1cm 크기로 썰어 찬물에 10분쯤 담가 녹말을 빼요.

2. 냄비에 감자, 올리고당, 설탕을 넣고 중간 중간 뒤섞어가며 3시간 정도 재워요.

3. 양념 재료는 고루 섞어요.

4. 2에 3의 양념을 넣고 센 불에서 15분 정도 조려요.

5. 양념이 거의 졸아들면 불을 끄고 검은깨를 뿌려요.

Tip. 감자를 설탕과 올리고당에 재운 뒤 조리면 식감이 쫄깃해지고 으스러지지 않아요.

명란감자치즈구이

Recipe

명란감자치즈구이

Tip.
감자가 다 익었을 때
뚜껑을 열고 센 불에서
수분을 날리면 포슬포슬
맛있게 삶을 수 있어요.

재료
감자(중) 6개, 명란젓(대)·양파 1개씩, 체더치즈 4장, 모차렐라치즈 1컵
굵은소금 1큰술, 파슬리가루·버터 약간씩

감자 양념
생크림 5큰술, 설탕 2큰술, 마요네즈 1큰술, 소금 1작은술, 후춧가루 약간

만드는 방법

1. 감자는 껍질을 벗기고 사방 1.5cm 크기로 썰어요.

2. 냄비에 감자와 굵은소금, 감자가 잠길 정도의 물을 넣고 뚜껑을 덮어 센 불에 올려 물이 끓기 시작하면 중약불로 줄여요.

3. 감자가 다 익으면 뚜껑을 열고 센 불에서 수분을 다 날린 뒤 볼에 담아 으깨요.

4. 체더치즈는 사방 2cm 크기로 자르고, 명란젓은 칼집을 넣어 숟가락으로 알만 긁어내요.

5. 으깬 감자에 양념 재료와 명란젓을 넣고 고루 섞어요.

6. 양파는 곱게 채 썰어 찬물에 담가 매운맛을 빼고 키친타월로 물기를 닦아요.

7. 오븐용 그릇에 버터를 살짝 바르고 5의 양념감자 ½, 양파채 ½, 양념감자 ½, 양파채 ½, 체더치즈, 모차렐라치즈 순서로 담아요.

8. 여기에 파슬리가루를 뿌리고 200℃로 예열한 오븐에 넣어 치즈가 노릇해지도록 15분 정도 구워요.

허브오일감자구이

Recipe

허브오일감자구이

Tip.

감자 크기에 따라 굽는
시간이 달라요. 보통 중간
크기는 50~60분, 작은
것은 40분 정도 구우면
된답니다. 허브오일을
바르고 구울 때는 허브가
타지 않을 정도로만
구우세요.

재료

감자(중) 4개, 파르메산치즈 ½컵, 올리브유 1큰술, 소금 2작은술
굵은 후춧가루 1작은술

허브오일

올리브유 ½컵, 말린 허브 1큰술, 다진 마늘 ½큰술
크러시드 페퍼(또는 다진 건고추) 1작은술

만드는 방법

1. 냄비에 허브오일 재료를 넣고 약불에서 10분 정도 끓여요.

2. 감자는 깨끗이 씻어 0.5cm 간격으로 감자의 ⅔ 깊이까지 한 면 전체에 칼집을
   넣어요.

3. 2의 감자를 흐르는 물에 씻어 녹말을 빼고 체에 건져 물기를 제거해요.

4. 오븐팬에 감자를 넣고 올리브유를 뿌린 뒤 소금, 후춧가루를 뿌려요.

5. 4의 감자 위에 종이포일을 씌우고 200℃로 예열한 오븐에 넣어 50분 정도
   구워요.

6. 감자가 반쯤 익으면 꺼내어 칼집 사이사이에 붓으로 허브오일을 바르고 20분쯤 더
   구워요.

7. 구운 감자에 파르메산치즈를 뿌려요.

감자채볶음

Recipe

감자채볶음

감자(중) 3개, 청양고추 1개, 양파 ⅓개, 소금 1작은술, 참기름 ½작은술
후춧가루·통깨 약간씩, 포도씨유 적당량

만드는 방법

1. 감자는 껍질을 벗기고 긴 방향으로 0.3cm 두께가 되도록 채칼로 채 친 다음
   소금을 뿌려 3분쯤 절여요.

2. 절인 감자채는 찬물에 두 번 씻어 체에 건져 물기를 빼요.

3. 양파는 곱게 채 썰고, 청양고추는 씨를 제거해 채 썰어요.

4. 달군 팬에 포도씨유를 두르고 감자채를 살짝 볶아요.

5. 여기에 3의 양파와 청양고추를 넣어 볶아요.

6. 참기름, 후춧가루, 통깨를 넣고 가볍게 섞어요.

Tip. 감자채볶음을 만들 때는 감자채를 소금에 절인 뒤 볶아야 부서지지 않아요.

매콤한 맛을 더해 질리지 않는 밑반찬

알감자조림

Recipe

재료
알감자 500g, 마늘종 100g
꽈리고추 15개, 소금 1작은술

조림장
물 1컵, 간장 3큰술, 설탕·물엿 2큰술씩
고추장 1큰술

Tip.
꽈리고추는 마지막에
넣어야 푸릇한 색을
살릴 수 있어요.

만드는 방법

1. 감자는 냄비에 소금과 감자가 잠길 정도의 물을 넣고 ⅔ 정도만 익도록 삶아요.

2. 꽈리고추는 꼭지를 떼고 포크로 구멍을 두 번씩 내고, 마늘종은 5cm 길이로 썰어요.

3. 조림장 재료는 고루 섞어요.

4. 냄비에 조림장과 1의 감자를 넣고 중약불로 조려요.

5. 국물이 자작해지면 꽈리고추를 넣고 조려요.

냉장고 속 재료로 간단하게 만드는 전

감자채전

Recipe

Tip.
감자 대신 애호박으로
부쳐도 맛있어요.

재료

양파 100g, 부침가루 40g, 감자(중)·청양고추 2개씩, 물 ¼컵
소금 ⅔큰술, 포도씨유 약간

만드는 방법

1. 감자와 양파는 0.3cm 두께로 채 썰고, 청양고추는 송송 썰어요.

2. 채 썬 감자와 양파, 소금, 물, 부침가루를 고루 섞어 반죽해요.

3. 달군 팬에 포도씨유를 두르고 2의 반죽을 떠 넣어 지름 6cm 크기의 전을 부쳐요.

4. 전 위에 청양고추를 올리고 앞뒤로 노릇하게 지져요.

감자고추장조림

Recipe

감자고추장조림

Tip.
감자는 찬물에 담가
녹말을 뺀 뒤 소금물에
절이면 조리할 때
으스러지지 않아요.

재료
감자(중) 3개, 포도씨유 1큰술, 참기름 1작은술, 통깨 약간

고추장양념
물 ½컵, 고추장·설탕 1큰술씩, 간장 1½큰술, 다진 파 2작은술
다진 마늘 1작은술, 고운 고춧가루 ½작은술

소금물
물 2컵, 소금 1큰술

만드는 방법

1. 감자는 껍질을 벗기고 사방 1cm 크기로 썰어 찬물에 씻어요.

2. 1을 소금물에 5분쯤 담가 절인 뒤 체에 밭쳐 물기를 빼요.

3. 고추장양념 재료는 고루 섞어요.

4. 중불에 달군 냄비에 포도씨유를 두르고 감자를 넣어 3분 정도 볶아요.

5. 여기에 고추장양념을 넣고 센 불로 조절해 끓으면 중약불로 줄이고 뚜껑을 덮어
   5분쯤 익혀요.

6. 5의 뚜껑을 열고 중불에서 국물이 약간 남을 때까지 살살 저어가며 조려요.

7. 마지막에 통깨, 참기름을 넣고 가볍게 버무려요.

올리브감자샐러드

Recipe

올리브감자샐러드

재료

케이퍼·블랙올리브·그린올리브 15g씩, 감자(중) 3개, 소금 ½작은술
굵은 후춧가루 약간

두부소스

두부 ¼모, 올리브유 1½큰술, 메이플시럽 ½큰술, 화이트 발사믹 식초 2작은술
머스터드 ½작은술

만드는 방법

1. 두부는 키친타월로 감싸 물기를 제거한 뒤 나머지 두부소스 재료와 같이 믹서에
   넣고 갈아요.

2. 케이퍼와 올리브는 곱게 다져요.

3. 감자는 깨끗이 씻어 껍질째 찜기에 넣고 중불에서 쪄요.

4. 삶은 감자는 껍질을 벗기고 뜨거울 때 으깬 뒤 소금, 후춧가루를 넣고 고루
   섞어요.

5. 으깬 감자에 1의 두부소스를 2큰술만 넣고 고루 섞어요.

6. 여기에 다진 케이퍼와 올리브를 넣고 가볍게 버무려요.

Tip. 두부소스를 냉장고에 넣어두면 더욱 차진 식감을 즐길 수 있어요.
　　 견과류를 더해 갈아도 맛있고요. 단, 만들어둔 두부소스는 5일 안에 사용하세요.

햇감자크로켓

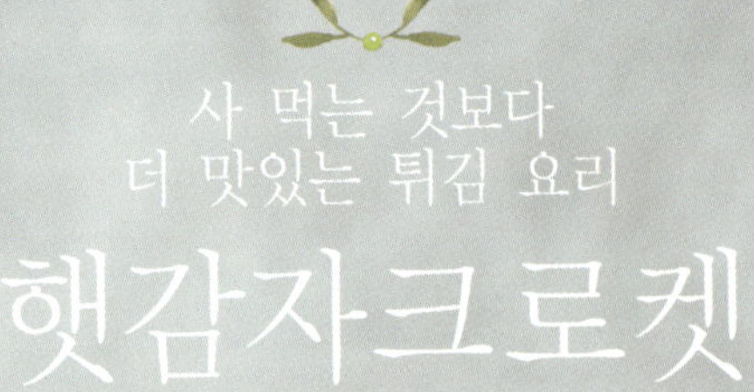

Recipe

햇감자크로켓

재료

다진 소고기 200g, 감자(대) 3개
양파(중) 1개, 옥수수(통조림) ½컵
소금 1큰술, 밀가루·달걀물·빵가루·
식용유 적당량씩, 포도씨유 약간

소고기 양념

우스터소스 1작은술, 소금 ⅓작은술
후춧가루 약간

베사멜소스

달걀 1개, 우유 1½컵
밀가루·빵가루 3큰술씩
버터 2큰술

크로켓소스

토마토케첩 6큰술,
우스터소스·다진 양파 2큰술씩
꿀 1큰술, 연겨자 1작은술

Tip.

크로켓 반죽은 냉장고에
넣어 차게 굳힐수록 모양이
잘 잡히고 고소한 맛이
더해져요.

만드는 방법

1. 감자는 작게 썰어 냄비에 물, 소금과 같이 넣고 삶아요.

2. 삶은 감자는 물기를 뺀 다음 뜨거울 때 곱게 으깨요.

3. 양파는 잘게 다져서 포도씨유를 두른 팬에 소금을 약간 뿌리고 투명해질 때까지 볶아요.

4. 소고기는 키친타월로 핏물을 제거한 뒤 달군 팬에 양념과 같이 넣어 센 불에 볶아요.

5. 냄비에 베사멜소스 재료 중 버터와 밀가루를 넣고 중불에서 볶다가 나머지 재료를 넣어 센 불에서 5분쯤 끓여요.

6. 크로켓소스 재료는 고루 섞어요.

7. 감자, 양파, 소고기, 옥수수, 베사멜소스, 크로켓소스를 넣어 고루 섞어 냉장고에 1시간쯤 넣어둬요.

8. 7을 지름 5cm 타원형으로 빚어 밀가루, 달걀물, 빵가루 순서로 묻혀 180℃ 식용유에 노릇하게 튀겨요.

7. 시금치

혈액을 맑게 해 주는 시금치는 밥상에 기본 반찬으로 자주 올리는 식품이지요.
지혈 작용을 하며 건조한 피부를 윤기 나게 하는 효능도 있어요. 어릴 적 밥 한 술
뜨기가 무섭게 엄마가 입에 넣어주시던 기억이 생생하네요. 시금치는 색이 살아있게
살짝 데친 뒤 참기름과 소금으로 간하고 간장을 살짝 더하면
훨씬 더 깊은 맛의 시금치나물을 즐길 수 있답니다.

종류

시금치 칼슘과 철분이 풍부한 시금치는 빈혈에 도움이 되며 섬유질이 풍부해 변비에도 효과적이에요. 또 숙취를 해소하는 데도 좋아요.

선택

짙은 초록색을 띠고 벌레 먹거나 시든 잎이 없는 싱싱한 것이 좋아요. 두 가지 품종이 대표적인데 국거리로는 잎이 넓고 줄기가 긴 것이 적당하고, 나물을 무칠 때는 짤막하면서도 뿌리 부분이 불그스름한 것이 달착지근하고 고소해요.

손질

시든 잎과 뿌리를 다듬어 흐르는 물에 깨끗이 씻어요.

보관

신문지에 싸서 냉장고 채소실에 보관해요. 온도가 높고 오래 둘수록 비타민 C 파괴가 많아지므로 되도록이면 빨리 조리해 먹는 것이 좋아요

시금치새우볶음

Recipe

시금치새우볶음

<u>재료</u>
시금치 300g, 냉동 새우(껍질 깐 것) 10마리, 올리브유·다진 파 2큰술씩
다진 마늘 ½큰술

<u>새우 밑간</u>
청주 1작은술, 소금·후춧가루 약간씩

<u>고추소스</u>
다진 홍고추 1큰술, 참기름 ½큰술, 국간장·참치액젓·멸치액젓 ½작은술씩

<u>만드는 방법</u>

1. 냉동 새우는 찬물에 30분쯤 담가 해동한 뒤 물기를 빼고 밑간해 재워요.

2. 시금치는 깨끗이 씻어서 물기를 빼요.

3. 고추소스 재료는 고루 섞어요.

4. 중불로 달군 팬에 올리브유를 두르고 다진 마늘과 파를 볶아 향을 내요.

5. 여기에 새우를 넣고 센 불로 볶아요.

6. 새우가 80% 정도 익으면 시금치를 넣어 살짝 볶아요.

7. 마지막에 고추소스를 넣고 재빨리 뒤섞어요.

Tip. 시금치는 새우를 익힌 뒤에 넣어 살짝만 볶아야 식감이 좋게 적당히 익어요.

소고기를 넣어 더욱 깊은 맛
시금치된장국

Recipe

재료

시금치 300g, 소고기(불고기용) 200g, 물 1ℓ, 된장 2큰술, 참치액젓 1작은술

Tip.
시금치는 맨 나중에 넣어
숨이 죽을 정도로만
끓여야 영양소가 살아있는
시금치된장국이 완성돼요.

만드는 방법

1. 시금치는 깨끗이 씻고, 소고기는 키친타월로 핏물을 제거해요.
2. 1의 소고기는 ¼등분한 뒤 된장에 버무려요.
3. 냄비에 소고기를 넣고 중불에서 볶아요.
4. 여기에 물을 붓고 끓어오르면 시금치를 넣고 끓이다가 참치액젓으로 간해요.

힘이 불끈 생기는 겉절이

시금치겉절이

Recipe

재료
시금치 100g, 양파(중) ½개

양념
고춧가루, 간장 1큰술씩
다진 마늘 1작은술, 설탕 약간

Tip.
겉절이는 너무 오래
버무리면 숨이 죽어 씹는
맛이 좋지 않아요. 먹기
직전에 무쳐 내야 맛있게
즐길 수 있어요.

만드는 방법

1. 시금치는 뿌리 부분의 흙을 칼로 긁어내고 뿌리에 칼집을 넣어 깨끗이 씻어요.

2. 양파는 0.2cm 두께로 채 썰어 찬물에 5분쯤 담가두었다가 키친타월로 물기를 제거해요.

3. 양념은 고루 섞어요.

4. 한입 크기로 자른 시금치와 양파채, 양념을 고루 버무려요.

시금치양송이샐러드

Recipe

시금치양송이샐러드

Tip.
드레싱을 만들 때 오일을
한 번에 다 넣으면 잘
섞이지 않고 분리가 돼요.
시간이 걸리더라도 조금씩
넣으며 한 방향으로 저어야
잘 섞여 맛있는 드레싱을
만들 수 있답니다.

재료

시금치 200g, 양송이버섯 5개, 토마토(중) 1개, 베이컨 1줄
올리브유 2큰술, 화이트 와인 1큰술, 꿀 ½큰술, 포도씨유·소금·후춧가루 약간씩

요거트드레싱

올리브유 5큰술, 식초·플레인 요구르트·꿀·간 양파·간 방울토마토 2큰술씩
소금·후춧가루 약간씩

만드는 방법

1. 시금치는 잘 손질해 깨끗이 씻어 물기를 빼요.

2. 양송이버섯은 얇게 슬라이스해 팬에 포도씨유를 두르고 노릇하게 구워 소금,
   후춧가루로 간해요.

3. 베이컨은 사방 0.5cm 크기로 썰어 팬에 볶은 뒤 키친타월에 올려 기름을 빼요.

4. 올리브유를 제외한 드레싱 재료를 고루 섞은 뒤 올리브유를 조금씩 넣어가며 거품기로
   저어요. 이때 한 반향으로 저어야 해요.

5. 달군 팬에 올리브유를 두르고 시금치와 꿀, 화이트 와인을 넣어 센 불에서 재빨리
   볶아요.

6. 토마토는 한입 크기로 썰어요.

7. 접시에 시금치와 토마토, 양송이버섯, 베이컨을 담고 4의 요거트드레싱을
   곁들여요.

자꾸 손이 가는 건강 주먹밥
시금치주먹밥

Recipe

재료
밥 1공기, 시금치 50g
소금 약간

된장양념
된장 1큰술, 매실액·다진 파·참기름 ½큰술씩
통깨·소금 약간씩

Tip.
데친 시금치의 물기를
짤 때는 주먹에 쥐고
한 번 꾹 누르면 돼요.
너무 꼭 짜면 식감이
질겨져요.

만드는 방법

1. 시금치는 손질해 씻은 뒤 끓는 물에
   소금을 넣고 데친 다음 찬물에 헹구어
   물기를 꼭 짜요.

2. 데친 시금치는 0.5cm 크기로 송송
   썰어요.

3. 된장양념 재료는 고루 섞어요.

4. 시금치와 밥, 된장양념을 고루 섞어요.

5. 간을 보아 싱거우면 소금을 약간 넣고
   한입 크기로 동그랗게 빚어요.

10분 만에 완성

시금치된장무침

Recipe

재료
시금치 350g, 소금 약간

된장양념
된장·다진 파 1큰술씩, 다진 마늘·통깨
1작은술씩, 설탕 ⅓작은술, 참기름 약간

Tip.
데친 시금치를 헹굴 때는
손으로 흔들어 씻어야 열기가
빨리 빠져 색이 선명하게
유지돼요. 양념에 무쳐 10분쯤
뒤에 먹으면 간이 고루 배어
더 맛있어요.

만드는 방법

1. 시금치는 뿌리의 흙을 칼로 긁어내고 시든 잎을 다듬어 흐르는 물에 씻어요.

2. 끓는 물에 소금을 넣고 시금치의 뿌리 부분을 15초쯤 담근 뒤 잎까지 넣어 30초 정도 데쳐요.

3. 데친 시금치는 찬물에 3번 정도 흔들어 씻은 뒤 물기를 꼭 짜요.

4. 3의 시금치를 칼로 듬성듬성 썰어 된장양념에 버무려요.

매운시금치덮밥

Recipe

매운시금치덮밥

재료

시금치 50g, 연두부 1모, 월남고추 4개, 홍고추 1개, 파프리카 ½개, 양파 ½개
마늘 2쪽, 대파 ½대, 다시마국물 1컵, 간장·포도씨유 1½큰술씩, 녹말물 1큰술
고춧가루 ½큰술, 참기름 1작은술, 소금 약간

만드는 방법

1. 시금치는 깨끗이 손질해 5cm 길이로 썰고, 연두부는 한입 크기로 썰어요.

2. 양파와 파프리카는 사방 1.5cm 크기로 썰고, 대파와 홍고추는 어슷하게 썰어요.

3. 중약불로 달군 팬에 포도씨유를 두르고 저며 썬 마늘과 월남고추를 볶아 향을 내요.

4. 여기에 양파와 파프리카를 넣어 볶아요.

5. 4에 시금치를 넣고 살짝 볶다가 다시마국물을 부어요.

6. 국물이 끓으면 연두부, 간장, 고춧가루를 넣어요. 대파와 홍고추를 넣고 소금으로
   간을 맞춰요.

7. 여기에 녹말물을 조금씩 넣으면서 농도를 맞춘 뒤 불을 끄고 참기름을 넣어
   가볍게 섞어요.

Tip. 연두부 대신 일반 두부를 사방 1cm 크기로 썰어 넣어도 좋아요.

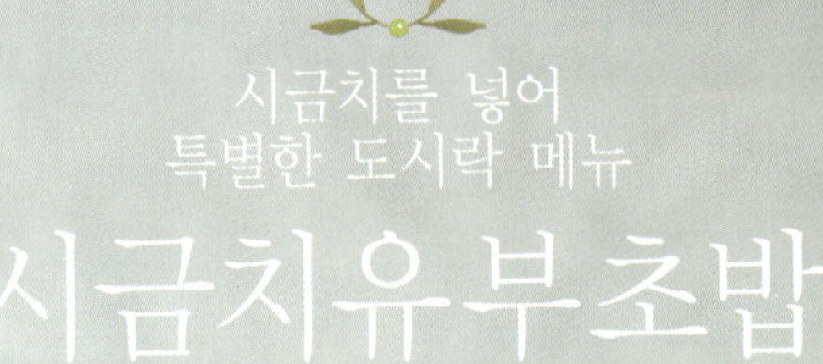

시금치유부초밥

Recipe

시금치유부초밥

재료
밥 1공기, 시금치 20g, 배추김치 15g, 치자 단무지 10g, 유부 8개, 고추장 1작은술

조림간장
물 ½컵, 간장·맛술·청주 1큰술씩

만드는 방법

1. 시금치는 깨끗이 씻어 끓는 물에 소금을 넣고 데쳐내 찬물에 헹군 뒤 물기를 꼭 짜요.

2. 데친 시금치는 송송 썰어요.

3. 김치와 단무지는 물기를 꼭 짜고 송송 썰어요.

4. 밥과 시금치, 단무지, 김치, 고추장을 고루 섞어요.

5. 유부는 테두리 두 면을 가위로 ㄱ 자로 잘라요.

6. 5의 유부는 끓는 물에 3분간 데쳐 기름기를 빼고 찬물에 헹구어 물기를 꼭 짜요.

7. 냄비에 조림간장 재료와 데친 유부를 넣고 5분 정도 조려요.

8. 7의 조림 유부를 살짝 짠 다음 4의 밥을 채워 넣어요.

Tip. 조림 유부를 너무 꽉 짜면 찢어지기 쉬워요. 살짝 주먹을 쥐었다 펴는 정도로만 짜세요.

8. 양배추·배추

양배추는 적당한 크기에 초록 잎이 있는 묵직한 것을 고르세요.
비타민이 풍부한 식품으로 생으로 갈아 마셔도 좋지만 살짝 쪄서 갈아
찐 보리와 같이 먹으면 한 끼 식사로 훌륭한 수프가 돼요.

종류

배추
김치의 주재료로 잎부터 줄기,
뿌리까지 식용으로 쓸 수 있어요.

양배추
일반적으로 요리에
많이 쓰이는 양배추로
생채나 숙채로
다양하게 사용되지요.

알배기배추
겉잎이 속잎을 단단히 감싸며
성장하는 배추로 속잎이
노랗고 부드러워 쌈이나
겉절이용으로 주로 쓰여요.

사보이 양배추
프랑스 사보이 지방의 신품종으로
축면양배추라고도 해요. 잎에 주름이 많은
양배추로 시니그린(Sinigrin)이라는 성분을
함유하여 결장암, 방광암, 전립선암을
예방하는 효과가 있어요.

미니 양배추
한입 크기의 양배추로
조직이 단단해요. 주로 살짝
데쳐 샐러드로 즐겨 먹어요.

적양배추
적채, 루비볼이라고도 불리는데 붉은색을
띠어 샐러드나 장식용으로 많이 쓰여요.

선택

배추 모양이 봉긋하고 윗부분이 뾰
족하지 않으며 겉잎이 짙은 녹색인
것이 맛있어요.

양배추 양배추를 고를 때는 겉잎이
녹색인 것, 심의 단면이 싱싱하고 잎
맥이 가는 것, 묵직한 것이 좋아요.
바깥쪽 잎이 흰 것은 대부분 오래된
잎을 뜯어낸 경우가 많아요.

손질

양배추는 한 잎 한 잎 뜯어서 흐르는
물에 씻어요. 수용성 비타민은 오래
씻으면 영양분이 물에 녹기 쉬우므로
자르지 말고 큰 잎 그대로 씻어야 손
실이 적답니다.

보관

바깥쪽 잎을 2~3장 떼어 잘 감싸 밀
폐용기에 보관하면 마르거나 변색되
지 않아요.

배추전

Recipe

배추전

재료
알배기배추 잎 5장, 중력분 ½컵, 물 ½컵, 들기름 적당량

사과고추장소스
사과 ½개, 고추장·식초 1큰술씩

만드는 방법

1. 배춧잎의 두꺼운 줄기 부분은 얇게 저며요.

2. 1의 배춧 잎을 칼등으로 두드려 평평하고 부드럽게 만들어요.

3. 곱게 간 사과와 고추장, 식초를 고루 섞어요.

4. 중력분과 물을 섞어 반죽을 만들어요.

5. 달군 팬에 들기름을 두르고 2의 배추에 반죽을 묻혀 앞뒤로 노릇하게 지져요.

6. 배추전을 길게 반 갈라 돌돌 말아서 3의 소스와 함께 내요.

Tip. 배추의 줄기 부분을 칼로 저며 잎 부분과 높이를 맞추어야 전이 골고루 잘 익어요.
들기름으로 부치면 고소한 맛이 좋아요.

배추속대된장국

Recipe

배추속대된장국

재료

배추속대 500g, 소고기 양지 300g, 대파 1대, 물 2ℓ, 다진 청양고추 3큰술
된장 2큰술, 후춧가루 약간

소고기 밑간

국간장 2큰술, 다진 마늘 1큰술, 참기름 1작은술

만드는 방법

1. 대파는 어슷하게 썰고, 배추속대는 길게 잘라요.

2. 소고기는 밑간 양념에 버무려요.

3. 냄비를 중불에 달구어 소고기를 넣고 볶아요.

4. 여기에 물을 붓고 센 불로 조절한 다음 된장을 풀어 넣어요.

5. 4에 다진 청양고추와 배추를 넣어요.

6. 국물이 끓으면 중약불로 줄여 20분쯤 더 끓이다가 대파와 후춧가루를 넣어요.

Tip. 된장을 1큰술 줄이고 고추장을 1큰술 넣으면 얼큰한 맛이 더해진 된장국이 돼요.

상큼한 소스로 절인 저장 반찬

유자청배추절임

Recipe

재료
배추 500g, 소금 1큰술

유자청소스
식초·물 ¾컵씩, 유자청 ⅓컵, 설탕 3큰술
소금 2작은술

Tip.
더운 날씨에는 반나절만
상온에 두었다가 냉장고에
넣어 숙성시키는 것이
좋아요.

만드는 방법

1. 배추는 한입 크기로 썰어 소금을 뿌리고 30분쯤 절인 뒤 물기를 빼요.

2. 유자청소스 재료는 고루 섞어요.

3. 투명한 병에 절인 배추와 유자청소스를 켜켜이 담아 상온에 하루 정도 두었다가
   냉장고에 보관해요.

중국풍 볶음 반찬

매운배추볶음

Recipe

Tip.
반찬으로 먹어도 좋지만 갓
지은 밥에 올려 덮밥으로
즐겨도 맛있어요.

재료

배춧잎 5장, 대파 ⅓대, 포도씨유 2큰술, 다진 마늘·간장·된장 1큰술씩
설탕·통깨·참기름 ½큰술씩, 다진 청양고추 1작은술, 후춧가루 약간

만드는 방법

1. 배춧잎은 사방 4cm 크기로 썰고, 대파는 어슷하게 썰어요.
2. 중불로 달군 팬에 포도씨유를 두르고 다진 마늘과 청양고추를 볶아요.
3. 여기에 1의 배추를 넣고 센 불로 볶다가 된장, 간장, 설탕을 넣어요.
4. 배추가 익으면 불을 끄고 후춧가루, 통깨, 참기름, 대파를 넣고 버무려요.

배추파프리카김치

Recipe

배추파프리카김치

재료
절인 배추 1kg, 무 80g, 부추·쪽파 20g씩, 밤(생율) 3개, 청피망 ½개
노랑·빨강·주황 파프리카 ¼개씩, 소금 1큰술, 설탕 2작은술

절임물
양파즙·배즙 2큰술씩, 소금 1큰술, 설탕 1½작은술, 생강즙 1작은술

양념
고춧가루 3큰술, 설탕 2큰술, 멸치액젓 1½큰술, 다진 마늘 1큰술
다진 생강·소금 1작은술씩

만드는 방법

1. 절인 배추는 머리 부분을 칼로 잘라내요.

2. 절임물 재료를 섞어 배추에 바르고 거꾸로 뒤집어 체에 밭쳐 물기를 빼요.

3. 파프리카와 피망은 0.2cm 두께로 채 썰어요.

4. 무는 5cm 길이, 0.5cm 두께로 채 썰어요. 밤도 채 썰고, 부추와 쪽파는 5cm
   길이로 썰어요.

5. 3과 4의 재료와 양념을 고루 섞어 김칫소를 만들어요.

6. 2의 배추에 김칫소를 올리고 돌돌 말아요.

7. 밀폐용기에 6을 차곡차곡 담아 밀봉한 뒤 상온에서 반나절 정도 익혀요.

8. 익은 김치는 2cm 폭으로 썰어 그릇에 담아 내요.

달콤한 국물 맛이 별미

양배추된장국

Recipe

Tip.

된장은 너무 오래 끓이면
쓴맛이 나므로 마지막에
풀어 넣고 살짝만 끓이세요.

재료

양배추 6장, 두부 ⅓모, 대파 ⅓대,
된장 1½큰술, 다진 마늘·고춧가루 ⅓큰술씩

국물

국물용 멸치 8마리
다시마(5×5cm) 1장, 물 4컵

만드는 방법

1. 냄비에 국물 재료를 넣고 중불에 올려
   끓으면 다시마만 건져내고 10분쯤 더
   끓여 체에 걸러요.

2. 양배추는 한입 크기로 썰고, 대파는
   어슷하게 썰고, 두부는 깍둑썰기 해요.

3. 냄비에 1의 국물을 붓고 끓기
   시작하면 된장을 풀고 양배추를 넣어
   숨이 죽을 때까지 끓여요.

4. 여기에 두부와 대파, 다진 마늘,
   고춧가루를 넣어 3분쯤 더 끓여요.

아삭한 식감을 살린 볶음 요리

양배추돼지고기간장볶음

Recipe

재료

양배추 ¼통, 다진 돼지고기 100g, 포도씨유 1큰술
간장 ½큰술, 다진 마늘 1작은술, 소금 약간

돼지고기 밑간

간장 1작은술
설탕·청주·참기름 ½작은술씩

만드는 방법

1. 돼지고기는 밑간 양념에 버무려
   10분쯤 재워요.

2. 양배추는 0.5cm 폭으로 채 썰어 찬물에
   담가두었다가 건져 물기를 빼요.

3. 중불로 달군 팬에 포도씨유를 두르고
   돼지고기와 다진 마늘을 볶아요.

4. 고기가 다 익으면 센 불로 조절해
   양배추, 간장, 소금을 넣고 양배추가
   숨이 죽을 정도로 재빨리 볶아요.

Tip.

양배추는 센 불에서
재빨리 볶아야 물기가
생기지 않아요.

양배추찜과 참치볶음

Recipe

양배추찜과
참치볶음

양배추(소) ½통, 참치(통조림) 1캔(150g)

된장·다시마국물 2큰술씩, 다진 파·들기름 1큰술씩, 다진 마늘·고춧가루 ½큰술씩

1. 양배추는 4등분해 밑동을 자르고 겉잎을 벗긴 뒤 2~3장씩 떼어내요.

2. 김이 오른 찜통에 양배추의 절단면이 바닥에 닿도록 넣어 10분쯤 쪄내 식혀요.

3. 참치는 체에 밭쳐 기름을 빼고 달군 냄비에 볶아요.

4. 여기에 쌈장 재료를 넣어 살짝 볶은 뒤 찐 양배추와 같이 내요.

Tip. 여름에는 호박잎을 쪄서 곁들여도 좋아요.

춘장양배추볶음덮밥

Recipe

춘장양배추
볶음덮밥

양배추(소) ⅓통, 월남고추 3개, 가지·치킨스톡 1개씩, 양파(중) ½개
대파(흰 부분) 1대, 물 2컵, 녹말물 ½컵(물 ⅓컵, 녹말가루 3큰술), 식용유 3큰술
다진 마늘·다진 생강 ½작은술씩, 참기름·후춧가루 약간씩

춘장 200g, 청주 ⅓컵, 굴소스 3큰술, 설탕 2큰술, 해선장 1½큰술
소금·후춧가루 약간씩

1. 대파는 반 갈라 1cm 길이로 썰고, 가지와 양파는 사방 1.5cm 크기로 썰어요.

2. 양배추는 0.5cm 폭으로 채 썰어 찬물에 담가두었다가 건져 물기를 빼요.

3. 팬에 식용유를 두르고 대파, 월남고추, 마늘, 생강을 볶아 향을 내요.

4. 여기에 가지, 양파, 양배추를 넣고 센 불에서 볶아요.

5. 4에 물과 치킨스톡, 춘장소스 재료를 넣고 끓여요.

6. 녹말물을 조금씩 넣어가며 농도를 조절한 뒤 참기름, 후춧가루를 넣어요.

Tip. 가지와 양파, 양배추는 센 불로 재빨리 볶아 숨이 살짝만 죽게 익혀야 소스 재료를 넣고
끓여도 식감이 적당히 살아있어 맛있어요.

맛있는 여름 피클
양배추깻잎피클

Recipe

Tip.
깻잎을 여러 장 포개어
담으면 피클을 접시에 낼 때
자른 단면이 예뻐요.

재료
사보이 양배추(중) 1통, 깻잎 20장, 소금 약간
미니 양배추 10개, 통마늘 5개, 홍고추 3개

절임물
설탕 100g, 물 2컵, 식초 1컵
멸치액젓 ½큰술, 소금 2작은술

만드는 방법

1. 양배추는 4등분해 소금을 뿌려
   1시간쯤 절인 뒤 물기를 빼요.

2. 깻잎은 깨끗이 씻어 물기를 빼고,
   고추는 포크로 구멍을 내요.

3. 냄비에 절임장 재료를 넣고 센 불에
   올려 1분쯤 끓인 뒤 식혀요.

4. 밀폐용기에 홍고추와 통마늘, 양배추,
   깻잎을 넣고 3의 절임물을 부어 냉장
   보관해요.

새콤함과 톡 쏘는 맛이 일품

양배추샐러드

Recipe

재료

양배추 200g, 사보이 양배추 · 적양배추 100g씩, 옥수수(통조림) · 당근 20g씩

마요네즈드레싱

씨겨자 10g, 마요네즈 · 설탕 · 사과즙 · 우스터소스 2큰술씩, 레몬즙 1큰술, 소금 약간

만드는 방법

1. 양배추는 곱게 채 썰어 찬물에 담가두었다가 건져 물기를 빼요.

2. 옥수수 알은 키친타월에 올려 물기를 빼고, 당근은 곱게 채 썰어요.

3. 마요네즈드레싱 재료는 잘 섞어 냉장실에 넣어둬요.

4. 준비한 재료와 드레싱을 버무려요.

Tip.

채소 샐러드를 만들 때는 드레싱을 차갑게 보관하고 먹기 직전에 버무려야 물이 생기지 않아요.

9. 버섯

특유의 맛과 향이 좋은 버섯은 지방이 적고 식이섬유와
단백질이 풍부한 저열량 식품이에요. 예부터 사람들이
즐겨 먹었던 식품으로 임금님 수라상에 하루도
빠짐없이 올렸다고 해요. 버섯을 팬에 구워 조리하면
쫀득한 식감도 살고 고기 요리보다 더욱 맛있답니다.

종류

해송이버섯
약용 버섯으로 잘 알려진 품종이에요. 다른 버섯에 비해 항산화·항당뇨·항고혈압에 좋은 성분이 다량 함유되어 있어요.

양송이버섯
채소·과일에 풍부한 무기질과 육류에 많은 단백질을 고루 갖추고 있으며, 버섯 중 단백질 함량이 가장 뛰어나요.

느타리버섯
갓이 조개나 반달 모양으로 생긴 버섯이에요. 대장 내에서 콜레스테롤 등 지방의 흡수를 방해하여 비만을 예방하는 효과가 있어요.

표고버섯
지방이 낮고 식이섬유가 풍부하여 변비 예방에 효과적이에요. 향과 쫄깃한 식감이 좋아 가장 사랑받는 버섯 중 하나죠.

새송이버섯
자연 송이 대용으로 개발한 품종이에요. 자연산 송이버섯에 비해 맛과 향은 덜하지만 식감은 비슷해요.

백만송이버섯
자잘한 송이버섯이 붙어 있는 모양새예요. 저장성이 비교적 좋고 미네랄과 비타민이 풍부해요.

팽이버섯
시중에서 가장 흔히 구할 수 있는 버섯으로 크림색을 띠며 쫄깃한 식감이 특징이에요.

선택

표고버섯 갓이 활짝 피지 않고 동글게 오므라지고 상처가 없으며 조직이 단단한 것이 좋아요. 습기가 차서 누렇게 변한 버섯은 오래된 거예요.

양송이버섯 갓이 너무 피지 않고 기둥이 짧고 도톰한 것이 좋아요.

백만송이버섯·느타리버섯 갓이 회백색 또는 연한 회갈색으로 반원 또는 부채꼴 모양이 맛있어요.

새송이버섯 탄력이 있고 단단한 것으로 고유의 향이 뛰어난 것을 고르세요.

팽이버섯 순백색이나 크림색으로 각이 크지 않고 가지런한 것이 좋아요. 뿌리 부분이 짙은 다갈색으로 변해 있거나 줄기가 가는 것은 신선하지 않은 거예요.

손질

흐르는 물에 살짝 씻거나 젖은 행주로 닦아내요. 표고버섯의 기둥은 따로 말려두었다가 국물을 낼 때 쓰면 좋아요.

보관

금방 먹을 것은 마른 행주로 겉을 닦고 랩으로 감싸 냉장 보관하세요. 며칠 뒤에 쓸 것은 버섯을 키친타월로 감싸 지퍼팩에 담아 냉장실에 넣어두면 돼요.

구수한 맛의
보양식

버섯들깨탕

Recipe

버섯들깨탕

재료

느타리버섯 200g, 청양고추 1개, 애호박 ½개, 다시마국물 2½컵
들깻가루 3큰술, 국간장 1큰술, 소금 1작은술, 포도씨유 약간

만드는 방법

1. 호박은 0.5cm 두께로 반달썰기 해요. 느타리버섯은 손으로 가늘게 찢고,
   청양고추는 어슷하게 썰어요.

2. 중불로 달군 냄비에 포도씨유를 두르고 호박을 볶아요.

3. 호박이 투명하게 익으면 느타리버섯을 넣어 볶아요.

4. 여기에 다시마국물을 붓고 들깻가루를 넣어요.

5. 국물이 끓으면 국간장과 소금으로 간하고 청양고추를 넣어요.

Tip. 느타리버섯은 가늘게 찢어 볶아야 쫄깃한 식감을 살릴 수 있어요.

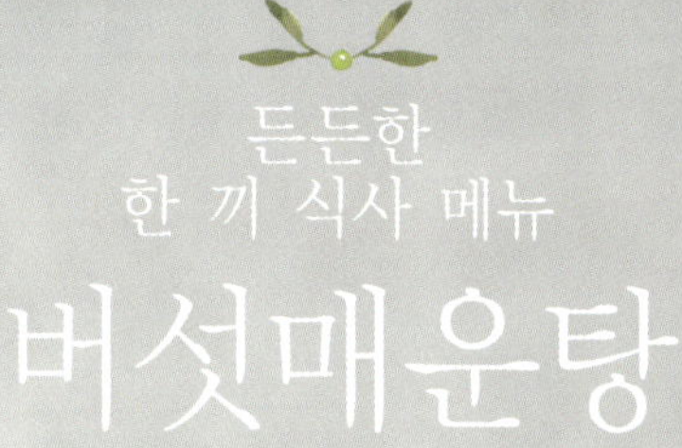

든든한
한 끼 식사 메뉴
버섯매운탕

Recipe

버섯매운탕

Tip.
채소와 소고기를 양념에
버무려두면 간이 배어
매운탕이 더욱 깊은
맛을 내요.

재료
소고기(불고기용) 150g, 숙주·느타리버섯·새송이버섯 120g씩, 대파 ½대
팽이버섯 ½봉, 표고버섯 2개, 홍고추·청양고추 1개씩, 양파 ½개

국물
무 50g, 파 ½대, 양파 ¼개, 마늘 3쪽, 물 1ℓ, 통후추 ½작은술

양념
고춧가루 1½큰술, 고추기름 1큰술, 다진 마늘·국간장·참치액젓·
굵은소금 ½큰술씩, 고추장·참기름 ½작은술씩, 후춧가루 약간

만드는 방법

1. 냄비에 국물 재료를 넣고 중약불로 30분쯤 끓여 체에 밭쳐요.

2. 느타리버섯과 팽이버섯은 밑동을 자르고 손으로 떼어내요.
   표고버섯은 0.5cm 두께, 새송이버섯은 0.3cm 두께로 썰어요.

3. 2의 버섯과 숙주는 뜨거운 물에 데친 뒤 물기를 빼요. 소고기는 키친타월로
   핏물을 제거해요.

4. 2와 3, 양념을 고루 버무려요.

5. 양파는 채 썰고, 대파와 고추는 어슷하게 썰어요.

6. 냄비에 4를 넣고 1의 국물을 부어 센 불에 30분 정도 끓여요.

7. 여기에 양파와 대파, 고추를 넣고 3분쯤 더 끓여요.

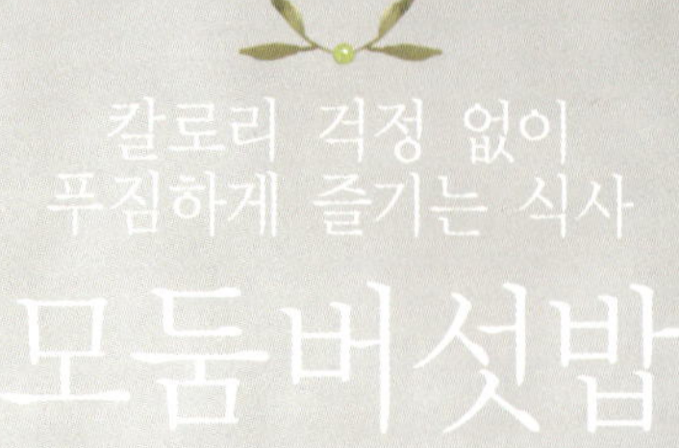

모둠버섯밥

Recipe

모둠버섯밥

재료
느타리버섯 100g, 다진 소고기 50g, 표고버섯·새송이버섯 3개씩, 팽이버섯 $\frac{1}{2}$봉
물 1$\frac{1}{2}$컵, 멥쌀·찹쌀 1컵씩

소고기 밑간
생강술 $\frac{1}{2}$큰술, 간장 $\frac{1}{2}$작은술, 맛술·청주·설탕 $\frac{1}{2}$작은술씩
후춧가루·다진 마늘 약간씩

양념장
간장 5큰술, 쪽파(송송 썬 것) 2큰술, 맛술·청주·설탕·다진 청양고추 1큰술씩
고춧가루 $\frac{1}{2}$큰술, 부추(송송 썬 것) 1큰술, 다진 마늘 1작은술

만드는 방법

1. 표고버섯과 새송이버섯은 0.3cm 두께의 편으로 썰고, 느타리버섯과 팽이버섯은
   밑동을 자르고 손으로 찢어 200℃ 오븐에 넣어 20분 정도 구워요.

2. 멥쌀과 찹쌀은 3시간쯤 물에 불려 체에 건져 물기를 빼요.

3. 냄비에 불린 쌀과 물을 넣고 뚜껑을 덮어 센 불에 5분쯤 끓이다가 중불로 줄여
   10분 정도 끓여요.

4. 다진 소고기는 밑간해 10분쯤 재워요.

5. 달군 팬에 4의 소고기를 고슬고슬하게 볶은 뒤 양념장 재료와 섞어요.

6. 3을 약불로 줄이고 구운 버섯을 올려 5분간 뜸을 들인 뒤 양념장을 곁들여요.

느타리영양부추무침

Recipe

느타리
영양부추무침

재료
느타리버섯 200g, 영양부추 30g, 양파(중) ½개, 포도씨유 약간

양념장
들깻가루 2큰술, 매실액·포도씨유 1큰술씩, 참기름·간장 ½큰술씩
레몬즙·맛술 1작은술씩

만드는 방법

1. 느타리버섯은 밑동을 자르고 가늘게 찢어요.

2. 팬에 포도씨유를 살짝 두르고 1의 버섯을 센 불에서 노릇하게 볶아요.

3. 부추는 5cm 길이로 썰고, 양파는 곱게 채 썰어 찬물에 담가 매운맛을 빼요.

4. 양념장 재료는 고루 섞어요.

5. 볶은 버섯과 부추, 양파, 양념장을 고루 버무려요.

Tip. 양념장에 들깻가루 대신 통깨를 넣어도 좋아요.

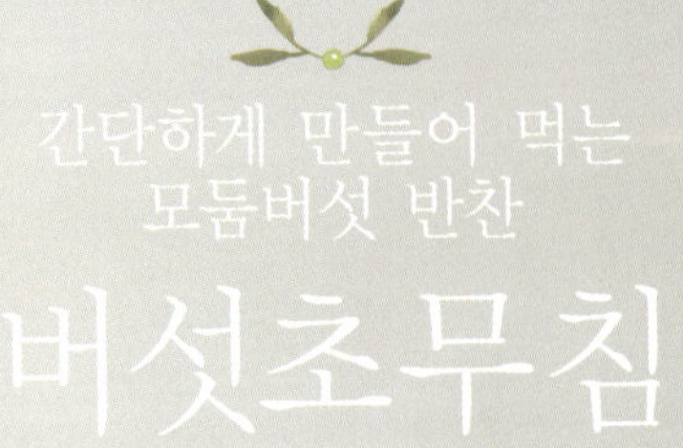

버섯초무침

Recipe

버섯초무침

재료

느타리버섯·표고버섯·새송이버섯·팽이버섯 50g씩, 양파 ½개, 포도씨유 1큰술
다진 마늘 ½작은술, 소금 약간

양념장

고추장 2큰술, 배즙·꿀·2배 식초 1큰술씩, 통깨·고춧가루 ½큰술씩
다진 마늘 1작은술, 참기름 ½작은술

만드는 방법

1. 양파는 0.2cm 두께로 채 썰고, 새송이버섯과 표고버섯은 굵직하게 채 썰어요.

2. 느타리버섯과 팽이버섯은 밑동을 자르고 가닥가닥 떼어내요.

3. 중불로 달군 팬에 포도씨유를 두르고 다진 마늘과 양파를 볶아요.

4. 여기에 손질한 버섯과 소금을 넣고 수분이 없도록 센 불로 볶아요.

5. 양념장 재료는 고루 섞어요.

6. 볶은 버섯은 먹기 30분 전 양념장에 버무려요.

Tip. 버섯 한 종류에 고기를 더해 볶아도 맛있어요.

양송이조림

Recipe

양송이조림

재료

고구마 300g, 양송이버섯 200g, 올리고당 2큰술

조림장

다진 생강 20g, 마늘 4쪽, 월남고추 3개, 다시마국물 ⅓컵, 맛술 3½큰술
국간장 2큰술, 간장 1큰술, 청주 ½큰술, 소금·후춧가루 약간씩

만드는 방법

1. 고구마는 삼각 모양으로 썰고, 양송이버섯은 껍질을 벗겨 한입 크기로 잘라요.

2. 고구마는 찜기에 넣어 5분 정도 쪄요.

3. 팬에 조림장 재료를 넣고 중불에 올려요.

4. 조림장을 3분 정도 졸인 뒤 양송이버섯과 찐 고구마를 넣고 1~2분 조려요.

5. 4가 다 조려지면 불을 끄고 올리고당을 넣어 섞어요.

Tip. 올리고당을 마지막에 넣어야 윤기가 잘 돌아요. 올리고당 대신 꿀을 넣어도 좋아요.

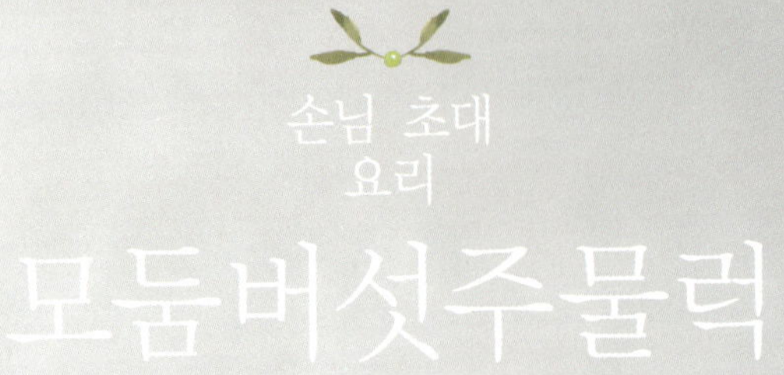

모둠버섯주물럭

Recipe

모둠버섯주물럭

재료

해송이버섯 200g, 돼지고기 앞다리살(주물럭용)·새송이버섯 100g씩
표고버섯 60g, 팽이버섯 50g, 쪽파 30g, 양파 ½개, 참기름 1작은술
통깨·포도씨유 약간씩

돼지고기 밑간

청주 1작은술, 소금·후춧가루 약간씩

양념

고추장·고춧가루 1큰술씩, 맛술 ½큰술, 간장 1½작은술, 설탕 1½작은술
소금·다진 마늘 ½작은술씩

만드는 방법

1. 돼지고기는 밑간 양념에 고루 버무려요.

2. 해송이버섯과 팽이버섯은 밑동을 자르고 가닥가닥 떼어요.

3. 표고버섯은 0.5cm 두께로 썰고, 새송이버섯은 반 갈라 0.3cm 두께의 편으로 썰어요.

4. 양파는 0.3cm 두께로 채 썰고, 쪽파는 3cm 길이로 썰어요.

5. 양념 재료를 고루 섞은 뒤 1, 2, 3을 넣어 버무려요.

6. 중불로 달군 팬에 포도씨유를 두르고 양파를 볶다가 5를 넣어 고기가 다 익을
   때까지 볶아요.

7. 불을 끄고 쪽파와 통깨, 참기름을 넣어 섞어요.

Tip.
돼지고기는 밑간을
해야 간이 배어
맛있어요.

최고의 다이어트 메뉴
버섯파프리카샐러드

Recipe

Tip.
샐러드용 버섯은 팬에
연기가 날 정도로 노릇하게
바싹 구워야 맛있어요.

재료
해송이버섯·백만송이버섯 100g씩
빨강·주황·초록·노랑 파프리카 ¼개씩

드레싱
식초·설탕·레몬즙·통깨 1큰술씩, 참기름
½큰술, 다진 마늘 ½작은술, 소금 약간

만드는 방법

1. 버섯은 밑동을 자르고 가닥가닥 떼어요.

2. 달군 팬에 버섯을 넣고 노릇하게 구워요.

3. 파프리카는 버섯과 같은 길이에 0.3cm 두께로 채 썰어요.

4. 드레싱 재료는 고루 섞어요.

5. 그릇에 버섯과 파프리카를 섞어 담고 먹기 직전에 드레싱을 뿌려요.

 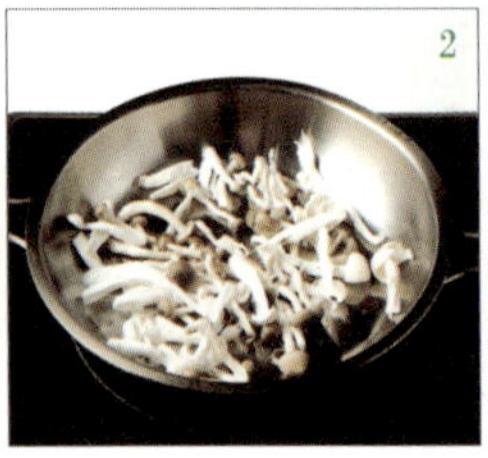   

맛과 향을 살린 담백한 무침

느타리버섯나물

Recipe

Tip.
버섯은 끓는 물에 데치거나
기름 없는 팬에 구우면
식감이 쫄깃해요.

재료
느타리버섯 200g, 대파(잎 부분) ¼대, 들깻가루 2큰술
들기름·소금·국간장 1작은술씩

만드는 방법

1. 느타리버섯은 밑동을 자르고 굵은 것만 결대로 찢고, 파는 5cm 길이로 곱게 채 썰어요.

2. 1의 버섯은 끓는 물에 소금을 약간 넣고 데쳐내 찬물에 헹구어 물기를 꼭 짜요.

3. 데친 버섯과 파채에 국간장을 넣어 무쳐요.

4. 3의 버섯에 간이 배면 들깻가루와 들기름을 넣고 버무려요.

팽이버섯깻잎전

Recipe

팽이버섯깻잎전

만드는 방법

1. 팽이버섯은 밑동을 자르고, 깻잎은 반 잘라 돌돌 말아 1.5cm 폭으로 썰어요.

2. 팽이버섯은 손가락 굵기로 떼어내 깻잎으로 가운데를 돌돌 말아요.

3. 2에 밀가루를 솔솔 뿌려요.

4. 달걀은 소금을 넣고 곱게 풀어요.

5. 3의 버섯은 달걀물에 적셔 약불로 달군 팬에 포도씨유를 두르고 앞뒤로 노릇하게 지져요.

6. 초간장 재료를 고루 섞어 전에 곁들여 내요.

Tip. 버섯전을 부칠 때는 뒤집개로 누르지 마세요. 버섯을 누르면 즙이 나와 식감이 질겨져 버섯의 풍미를 제대로 즐길 수 없어요. 칼칼한 맛을 원할 때는 달걀물에 청양고추를 다져 넣으세요.

표고버섯탕수

Recipe

표고버섯탕수

재료

표고버섯 60g, 양파(중)·노랑·빨강 파프리카 ⅓개씩, 피망 ½개, 생강 ⅓쪽
녹말가루 1큰술, 식용유 적당량

탕수육소스

물 ⅔컵, 설탕·올리고당·식초 2큰술씩, 굴소스·포도씨유 ½큰술씩
고추장 ½작은술, 소금·녹말물 약간씩

만드는 방법

1. 표고버섯은 밑동을 떼고 반으로 잘라요.

2. 비닐봉지에 녹말가루와 표고버섯을 넣고 흔들어 냉장실에 넣어둬요.

3. 180℃ 식용유에 2의 표고버섯을 넣어 바삭하게 튀겨요.

4. 파프리카와 양파는 사방 1cm 크기로 썰고, 생강은 얇게 저며요.

5. 팬에 식용유를 두르고 생강을 볶다가 파프리카와 양파를 넣어 볶아요.

6. 여기에 탕수육소스 재료를 넣고 끓으면 녹말물을 넣어 농도를 조절해요.

7. 6에 튀긴 표고버섯을 넣고 버무려요.

Tip. 녹말가루 묻힌 버섯이 든 비닐봉지를 냉장실에 넣어두면 버섯 표면에 녹말이 더 고루 묻어
튀겼을 때 더욱 바삭하고 색이 고르게 나요. 표고버섯 대신 새송이버섯이나 가지를 튀겨
만들어도 맛있어요.

10. 가지

보라색 겹질에 함유된 안토시안은 가지의
효능을 높여줘요. 가지를 이용해 다양한
요리를 만들어보세요. 조리법을 잘 몰라
장바구니에 담지 못했다면 이제부터 가지를
적극 활용해 가족 건강을 챙겨보세요.

가지 수분 함량이 94%에 이르는 가지는 칼로리가 낮고 항암 효과가 있는 채소예요.

색이 선명하고 윤기가 나는 것이 신선한 거예요. 구부러지지 않고 모양이 곧은 것을 고르세요.

꼭지를 자르고 흐르는 물에 깨끗이 씻어요.

키친타월로 감싸서 지퍼백이나 밀폐 용기에 담아 냉장실에 넣어둬요. 일주일 정도 보관 가능해요.

여름 별미 국물 요리

가지냉국

Recipe

재료
가지 2개,
통깨 1큰술

냉국
물 3컵, 설탕 2큰술, 소금
2작은술, 식초 1½작은술

가지 양념
설탕·식초·국간장 1큰술씩, 고춧가루
1작은술, 다진 마늘 ½작은술

Tip.
찐 가지를 양념에 버무려
나물로 먹어도 좋아요.

만드는 방법

1. 냉국 재료는 잘 섞어 냉장고에 넣어둬요.

2. 가지는 5cm 길이로 썰어 반 갈라 찜기에 잘린 면이 위로 오게 놓고 중약불로 5분 정도 쪄요.

3. 찐 가지는 한 김 식혀 1cm 두께로 찢어 양념에 버무려요.

4. 그릇에 3을 담고 냉국을 부은 뒤 얼음을 넣고 통깨를 뿌려요.

감칠맛 나는 무침 양념이 포인트

가지구이무침

Recipe

Tip.
가지무침을 만들 때는 주로
가지를 쪄서 이용하지요.
그런데 가지를 구워서 무치면
쫄깃한 맛을 살릴 수 있어요.

재료 가지 1개

양념 간장·다진 파 ½큰술씩, 고춧가루·올리고당·참기름·통깨 1작은술씩
맛술·청주 ½작은술씩, 다진 마늘 ⅓작은술, 소금·후춧가루 약간씩

만드는 방법

1. 가지는 0.3cm 두께로 길게 썰어요.

2. 달군 팬에 1의 가지를 노릇하게 구워요.

3. 구운 가지는 펼쳐서 식힌 뒤 길게 찢어요.

4. 양념 재료를 고루 섞은 뒤 가지를 넣어 버무려요.

초간단 건강 찜요리
가지찜

Recipe

재료
가지 2개
영양부추 10g

양념
국간장·통깨 1큰술씩, 다진 마늘·참기름 ½큰술씩
참치액젓 1작은술

Tip.
가지를 찹쌀가루나 밀가루에
버무려 쪄도 맛있어요.

만드는 방법

1. 가지는 꼭지를 자르고 길게 반 갈라
   김이 오른 찜기에 넣어 10분 정도 찐다.

2. 찐 가지는 한 김 식혀 5cm 길이, 1cm
   두께으로 썰어요.

3. 영양부추는 0.5cm 길이로 썰어요.

4. 양념 재료와 부추를 고루 섞어
   찐 가지 위에 끼얹어요.

부드러운 채소 샐러드

통가지구이와 으깬 두부

Recipe

Tip.
구운 가지에 꿀을 살짝
바르고 소금, 후춧가루를
뿌리면 풍미를 더할 수
있어요.

재료
두부 ⅓모, 가지 1개, 레몬즙·올리브유 1큰술씩, 식용유·소금·후춧가루 약간씩

만드는 방법

1. 가지는 삼각 모양으로 썰어 팬에 식용유를 두르고 약불로 노릇하게 구워요.

2. 두부는 키친타월로 감싸 물기를 제거한 뒤 으깨요.

3. 1의 팬에 으깬 두부와 소금을 넣고 중불로 살짝 볶아요.

4. 접시에 구운 가지를 담고 소금, 후춧가루를 뿌린 뒤 3의 두부를 올리고 올리브유과 레몬즙을 뿌려요.

가지볶음

Recipe

가지볶음

양파 50g, 가지 1½개, 포도씨유 1½큰술, 다진 파·고춧가루 ½큰술씩
다진 마늘 ⅓큰술, 참기름·통깨 약간씩

양념장

국간장 1½큰술, 맛술·청주·설탕·멸치액젓 ½작은술씩

만드는 방법

1. 양념장 재료는 고루 섞어요.

2. 가지는 길게 반 갈라 0.5cm 두께로 반달썰기 하고, 양파는 0.3cm 두께로 채
   썰어요.

3. 중불로 달군 팬에 포도씨유를 두르고 다진 파와 마늘을 볶아 향을 내요.

4. 여기에 가지와 양파를 넣어 볶아요.

5. 4에 1의 양념장을 넣고 살짝 볶은 뒤 고춧가루를 넣어 색을 내요.

6. 불을 끄고 참기름과 통깨를 넣어 섞어요.

Tip. 재료를 넣고 볶다가 팬에 가지가 붙으면 불을 끄고 뚜껑을 덮어 재료의 수분이 열에 의해
     나오게 해서 다시 볶는 것이 요령이에요. 다 볶은 뒤 팬의 여열에 의해 간이 잘 배도록
     그대로 식히세요.

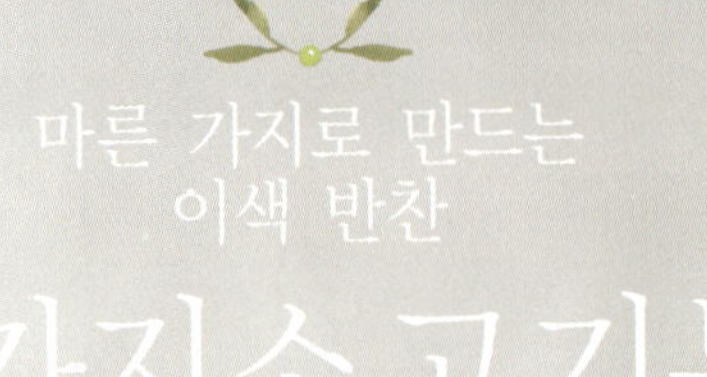

마른가지소고기볶음

Recipe

마른가지소고기볶음

다진 소고기 50g, 말린 가지 25g, 홍고추·청양고추 1개씩, 대파(5cm) 1대
통깨·포도씨유 1큰술씩, 참기름 1작은술

소고기 밑간
간장 1큰술, 다진 마늘 1작은술, 설탕·청주 ½작은술씩, 후춧가루 약간

가지 양념
간장 1큰술, 참기름 ½작은술

만드는 방법

1. 말린 가지는 뜨거운 물에 담가 부드럽게 불린 뒤 찬물에 씻어 물기를 꼭 짜요.

2. 1의 불린 가지는 4cm 길이로 썰고, 고추는 채 썰고, 대파는 어슷하게 썰어요.

3. 다진 소고기는 키친타월로 감싸 핏물을 제거한 뒤 밑간 양념에 버무려요.

4. 가지는 양념에 무쳐 5분 정도 간이 배도록 두어요.

5. 팬에 포도씨유를 두르고 다진 소고기를 볶다가 가지, 고추, 대파를 순으로 넣어
   2~3분 볶아요.

6. 불을 끄고 통깨와 참기름을 넣어 섞어요.

Tip. 말린 애호박을 불려 넣어도 좋아요.

통가지아스파라거스
샐러드

Recipe

통가지아스파라거스
샐러드

재료

아스파라거스 100g, 가지 1개, 겨자채·케일·치커리·로메인·슈거로프 20g씩
소금 약간

소스

맛술 2큰술 간장·설탕 1½큰술씩, 포도씨유·레몬즙·다진 양파 1큰술씩
다진 마늘·식초 ½큰술씩

만드는 방법

1. 가지는 0.5cm 두께로 반달썰기 해 소금을 뿌려 10분 정도 재워요.

2. 아스파라거스는 밑동을 자르고 어슷하게 썰어 가지와 같이 180℃ 오븐에 넣어
   8분쯤 구워요.

3. 겨자채, 케일, 치커리, 로메인, 슈거로프는 찬물에 10분 정도 담가두었다가 물기를
   빼고 먹기 좋은 크기로 잘라요.

4. 포도씨유를 제외한 소스 재료를 모두 섞어요.

5. 4에 포도씨유를 조금씩 넣어가며 한 방향으로 저어 섞은 뒤 냉장실에 넣어둬요.

6. 구운 아스파라거스와 3의 채소, 소스의 ½ 분량을 고루 버무려요.

7. 그릇에 6의 샐러드를 담고 구운 가지를 올린 다음 남은 소스를 먹기 직전에 뿌려요.

Tip. 소스를 만들 때 포도씨유를 조금씩 넣어가며 섞어야 분리가 되지 않아요.

11. 브로콜리

브로콜리
양배추를 계량한 품종으로
비타민 C가 레몬의 2배라
감기 예방과 피부 건강에
효과적인 식품이에요.

종류

콜리플라워
비타민과 식이섬유가 브로콜리보다
더 풍부하게 들어 있어요.

선택

자잘한 꽃봉오리가 꽉 다물어져 있고
중간이 볼록한 것을 고르세요. 누렇
게 변한 것은 오래된 거예요.

손질

송이를 나누어 식촛물에 5분 정도 담
가두세요. 데칠 때는 소금을 약간 넣
은 끓는 물에 줄기부터 넣어 익히면
비타민 C 손실을 최소로 줄일 수 있
어요.

보관

상온에 두면 누렇게 변색될 수 있으
니 살짝 데쳐서 지퍼백이나 밀폐용기
에 담아 냉동실에 보관하세요.

브로콜리미소양념무침

Recipe

브로콜리
미소양념무침

재료

브로콜리 200g, 토마토 1개, 양파 ½개, 통깨 ½큰술

미소양념

마요네즈 2큰술, 미소된장 1큰술, 물엿 1큰술, 다진 마늘 ½큰술

만드는 방법

1. 브로콜리는 한입 크기로 잘라 끓는 물에 소금을 넣고 데친 뒤 찬물에 헹구어
   물기를 빼요.

2. 미소양념 재료는 고루 섞어요.

3. 양파는 사방 2cm 크기로 썰어요.

4. 토마토는 데쳐서 껍질을 벗긴 뒤 한입 크기로 썰어요.

5. 2의 미소양념에 손질한 재료를 넣어 고루 버무려요.

Tip. 브로콜리를 데칠 때 물을 너무 많이 잡으면 끓는 시간도 오래 걸리고 너무 푹 익어요.
   살짝 데쳐서 아삭하게 즐기는 것이 좋아요.

브로콜리의 다양한 변신

브로콜리전

Recipe

Tip.
반죽이 질면 전이 두툼하게
부쳐지지 않고 옆으로
퍼져요. 물을 제일 마지막에
넣어 농도를 조절하세요.

재료

브로콜리·느타리버섯 100g씩, 청양고추 1개, 달걀 ½개 분량, 양파 ¼개
부침가루 3큰술, 포도씨유 적당량, 물 약간

만드는 방법

1. 브로콜리는 적당히 잘라 끓는
   물에 10분 정도 데쳐요.

2. 데친 브로콜리, 느타리버섯,
   청양고추, 양파는 곱게 다져요.

3. 2의 다진 채소와 부침가루, 달걀을 고루 섞어요.
   반죽이 너무 되직하면 물을 약간 넣어 조절하세요.

4. 달군 팬에 포도씨유를 두르고 3의 반죽을 떠 넣어
   지름 6cm 크기의 두툼한 전을 노릇하게 부쳐요.

냉장고 속 든든한 저장 반찬

브로콜리피클

Recipe

Tip.
채소를 꽃소금에 절인 뒤
물에 헹구지 말고 체에
받쳐 물기를 빼야 식감이
꼬들꼬들해요.

재료
브로콜리·콜리플라워·노랑 파프리카·
빨강 파프리카·양파 ½개씩, 꽃소금 1큰술

절임물
물 2컵, 설탕·식초 ½컵씩
소금 1큰술, 피클링스파이스 ½큰술

만드는 방법

1. 브로콜리와 콜리플라워, 파프리카, 양파는 한입 크기로 썰어 꽃소금에 30분 정도 절인 뒤 물기를 빼요.

2. 냄비에 절임물 재료를 넣고 중불로 10분쯤 끓인 뒤 한 김 식혀요.

3. 밀폐용기에 손질한 채소를 담고 절임물을 부어 완전히 식힌 뒤 냉장실에 보관해요.

브로콜리마늘소스
샐러드

Recipe

브로콜리마늘소스
샐러드

재료
브로콜리·콜리플라워 150씩, 캐슈넛 20g, 소금·후춧가루 약간씩

마늘드레싱
포도씨유 ⅓컵, 다진 마늘·레몬즙 1큰술씩, 꿀 ½큰술
다진 파슬리·소금 ½작은술씩, 후춧가루 약간

만드는 방법

1. 브로콜리와 콜리플라워는 적당히 잘라 끓는 물에 소금을 약간 넣고 데친 뒤 찬물에 헹구어 물기를 빼요.

2. 캐슈넛은 팬에 노릇하게 볶아 다져요.

3. 드레싱 재료는 고루 섞어요.

4. 브로콜리와 콜리플라워, 다진 캐슈넛, 드레싱을 고루 버무려요.

Tip. 드레싱 재료를 섞을 때 포도씨유는 한 숟가락씩 넣어 섞고, 완성된 드레싱은 냉장고에 차갑게 보관하세요.

브로콜리대파볶음밥

Recipe

브로콜리대파
볶음밥

재료

밥 1공기, 브로콜리 30g, 마늘 5쪽, 대파 ½대, 달걀 1개, 포도씨유 4큰술
굴소스 ½큰술, 후춧가루 ½작은술, 소금 약간

만드는 방법

1. 브로콜리와 대파는 0.5cm 크기로 썰어요. 마늘은 저며 썰고, 달걀은 곱게
   풀어요.

2. 중불로 달군 팬에 포도씨유 3큰술을 두르고 마늘과 대파를 향이 나도록 충분히
   볶아요.

3. 2의 팬에 달걀물을 넣고 반쯤 익으면 젓가락으로 휘저어 스크램블드에그를
   만들어요.

4. 팬에 브로콜리를 넣고 센 불에 볶아요.

5. 중불로 달군 팬에 포도씨유 1큰술을 두르고 밥을 넣어 고슬고슬하게 볶아요.

6. 여기에 굴소스와 후춧가루를 넣어 간한 뒤 2, 3, 4를 넣고 살짝 볶아요.

Tip. 밥을 볶을 때는 양손에 주걱을 하나씩 쥐고 팬 바닥을 긁으며 재빨리 볶으세요.
     그래야 밥이 뭉치지 않아 고슬고슬해요.

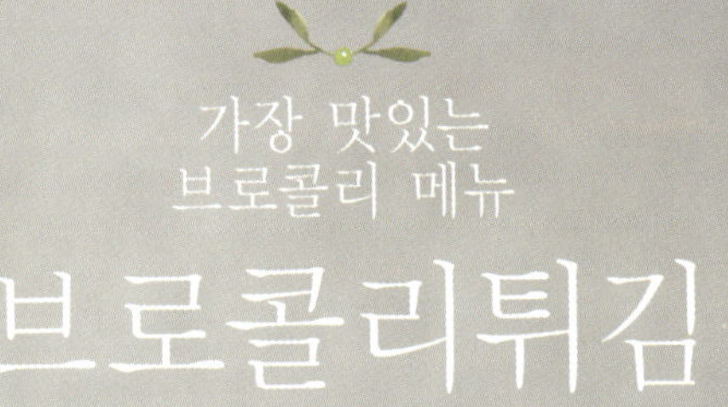

브로콜리튀김

Recipe

브로콜리튀김

재료
브로콜리 150g, 빵가루 ½컵, 달걀물 ¼컵, 밀가루 3큰술
소금·후춧가루 약간씩, 식용유 적당량

마요네즈소스
마요네즈 1큰술, 꿀·레몬즙 1작은술씩, 소금·후춧가루 약간씩

만드는 방법

1. 브로콜리는 한입 크기로 잘라 깨끗이 씻어 물기를 빼고 소금, 후춧가루를 뿌려요.

2. 비닐봉지에 밀가루와 브로콜리를 넣고 마구 흔들어요.

3. 2의 브로콜리에 달걀물, 빵가루 순으로 옷을 입혀요.

4. 180℃ 식용유에 브로콜리를 넣어 바삭하게 튀겨요.

5. 마요네즈소스 재료를 고루 섞어 브로콜리 튀김에 곁들여요.

Tip. 비닐봉지에 밀가루와 브로콜리를 넣고 흔들면 밀가루가 고루 잘 묻어요. 빵가루에 우유를
조금 섞어 촉촉하게 해서 옷을 입혀 튀기면 더욱 맛있답니다.

감기 예방에 좋은 반찬

브로콜리초무침

Recipe

재료
브로콜리 100g 양파
¼개, 소금 약간

양념장
고추장·식초 1큰술씩, 설탕·다진 마늘 ½큰술씩
참기름·통깨 약간씩

Tip.
브로콜리는 줄기에 영양분이
많아요. 한입 크기로 잘라
줄기부터 끓는 물에 넣고
30초 뒤에 다 넣어 데치면
골고루 알맞게 익어요.

만드는 방법

1. 브로콜리는 한입 크기로 잘라 끓는 물에 소금을 넣고 데친 뒤 찬물에 헹구어 물기를 빼요.

2. 양파는 0.3cm 두께로 채 썰어요.

3. 양념장 재료는 고루 섞어요.

4. 브로콜리와 양파채, 양념장을 고루 버무려요.

브로콜리와 쫀득한 마늘의 조화

브로콜리마늘볶음

Recipe

재료

브로콜리 150g, 적양파 20g, 마늘 15쪽, 월남고추 4개, 물 ⅓컵, 간장·포도씨유 1큰술씩, 후춧가루 약간

Tip.

마늘과 월남고추는 중불로 은근히 볶아 향을 충분히 내세요.

만드는 방법

1. 양파는 곱게 채 썰고, 브로콜리는 적당히 잘라 끓는 물에 소금을 약간 넣고 살짝 데친 뒤 찬물에 씻어 물기를 빼요.

2. 중불로 달군 팬에 포도씨유를 두르고 양파, 마늘, 월남고추를 넣어 향이 나도록 볶아요.

3. 여기에 간장과 물을 넣고 중약불로 볶아요.

4. 마늘이 다 익으면 브로콜리와 후춧가루를 넣어 섞어요.

PART

04

늘 집에 있는 시판 식재료

RECIPES FOR BASIC

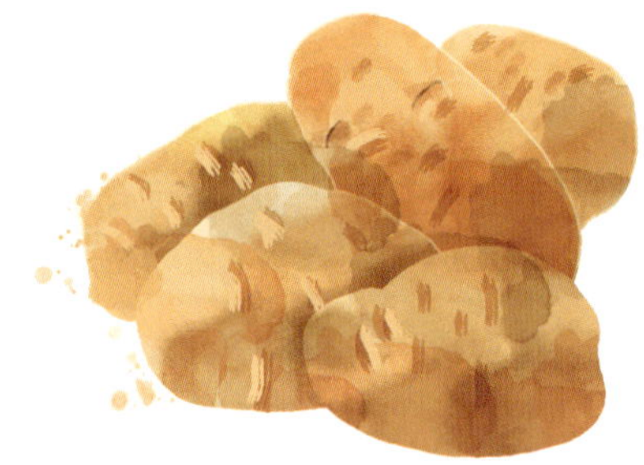

두부
어묵
참치 통조림
달걀

고기나 해산물, 채소보다 보관 기간이 길어서 집에 늘 갖춰두면
요긴한 식재료를 소개합니다. 요리 초보 주부도 손쉽게 음식을 만들기
좋은 비장의 무기지요. 장을 보지 못했을 때나 시간이 없을 때 집에
있는 재료만으로도 충분히 맛있고 근사한 밥상을 차릴 수 있어요.

평소에 자주 쓰이는 두부, 어묵, 참치 통조림, 달걀의 종류와 선택법,
손질하는 방법을 알려드려요.

후다닥 조리하면 한 끼 식사는 물론 손님상에 올려도 좋은 간편
식재료의 반전 매력에 빠져보세요.

1. 두부

콩은 단백질과 필수지방산이 풍부해 예로부터 '밭에서 나는
소고기'라 불렀어요. 늘 먹는 두부로 스테이크와 샐러드를
만들어보세요. 식탁이 화려해질 거예요.

연두부

콩물에 간수를 섞어 응고되었을 때
물기를 절반쯤 빼고 굳힌 두부로
부드럽고 소화가 잘돼요.

종류

두부

콩물에 간수를 넣어 응고된 것을
틀에 붓고 눌러서 만든 일반적인
두부예요. 국·찌개용, 부침용,
손두부가 있어요.

순두부

콩물이 응고되었을 때
물기를 빼지 않고 먹는 두부로
대개 찌개를 끓여 먹어요.

튀긴두부

두부의 물기를 제거하고 튀긴 거예요.
두부를 이용한 음식 중 칼로리가
높은 편이죠. 끓는 물에 살짝 데쳐서
요리하면 칼로리를 줄일 수 있어요.

선택

가공 일자와 유통기한을 확인하고 구
입해야 해요. 개봉한 두부에서 시큼
한 냄새가 나면 상한 거예요.

손질

흐르는 물에 여러 번 씻어요.

보관

두부는 물에 담가 냉장 보관하세요.
물에 소금을 조금 넣으면 두부 본연
의 맛을 조금 더 오래 유지할 수 있답
니다.

해물순두부찌개

Recipe

해물순두부찌개

재료
순두부 1봉, 바지락·새우살 50g씩, 조갯살·미더덕 30g씩, 오징어 ⅓마리
대파 ⅓대, 달걀·풋고추·홍고추 1개씩, 애호박 ⅓개, 멸치다시마국물 1컵
(국물용 멸치 10g, 물 1¼컵), 다진 새우젓·멸치액젓 ½큰술씩

양념장
다진 돼지고기 50g, 포도씨유·다진 마늘·고춧가루 1큰술씩, 생강즙 1작은술

만드는 방법

1. 애호박은 반달썰기 하고, 대파와 고추는 어슷하게 썰고, 양념장 재료는 고루
   섞어요.

2. 오징어는 안쪽에 칼집을 넣어 5×1cm 크기로 썰고, 나머지 해물은
   흐르는 물에 씻어 체에 건져 물기를 빼요.

3. 냄비에 국물용 멸치를 넣어 볶다가 물을 붓고 10분 정도 끓여요.

4. 3의 멸치다시마국물을 면보에 걸러요.

5. 냄비에 1의 양념장을 볶다가 멸치다시마국물, 멸치액젓을 넣고 끓여요.

6. 국물이 끓으면 손질한 해물, 애호박, 순두부 순서로 넣어 끓여요.

7. 마지막으로 대파, 고추, 다진 새우젓을 넣고 살짝 끓인 뒤 달걀을 깨 넣어요.

Tip. 양념장을 넉넉히 만들어 냉장고에 보관하고 찌개를 끓일 때 넣으면 편리해요.
     매콤한 순두부찌개를 원할 때는 포도씨유 대신 고추기름을 넣으세요.

두부국수

Recipe

두부국수

재료
두부 ½모, 오이 ½개, 소면 150g, 굵은소금·포도씨유 약간

양념장
간장 1½큰술, 참기름·올리고당 2작은술씩, 통깨·설탕 1작은술씩

만드는 방법

1. 오이는 동그랗게 썰어 굵은소금에 10분쯤 절인 뒤 물기를 꼭 짜요.

2. 절인 오이는 중불로 달군 팬에 포도씨유를 약간 두르고 1~2분 볶아요.

3. 두부는 1cm 두께로 채 썰어 팬에 포도씨유를 두르고 노릇하게 구워요.

4. 양념장 재료는 고루 섞어요.

5. 냄비에 물 5컵을 붓고 팔팔 끓으면 소면을 넣어요. 물이 끓어오르면
   찬물 ½컵을 붓고 다시 끓으면 찬물 ½컵을 부어 2~3분 더 삶은 뒤 찬물에
   헹구어 물기를 빼요.

6. 삶은 소면을 4의 양념장에 고루 버무려 그릇에 담고 구운 두부와 볶은 오이를 올려요.

Tip. 두부를 소금과 후춧가루로 살짝 간한 뒤 구우면 잘 부스러지지 않아요.

매운두부구이

Recipe

매운두부구이

재료

두부 1모, 풋고추 ½개, 양파·홍고추 ⅓개씩, 식용유 2큰술
밀가루·녹말가루 1큰술씩, 소금·후춧가루·통깨 약간씩

고추장소스

다시마국물 4큰술, 간장 1½큰술, 맛술·청주 1큰술씩
고추장·설탕·참기름·다진 파 ½큰술씩, 다진 마늘·고운 고춧가루 ½작은술씩

만드는 방법

1. 두부는 사방 4cm 크기에 1cm 두께로 썰어 소금, 후춧가루를 뿌려요.

2. 고추는 씨를 제거하고 채 썰고, 양파는 곱게 채 썰어요.

3. 고추장소스 재료는 고루 섞고, 밀가루와 녹말가루는 한데 섞어요.

4. 중불로 달군 팬에 식용유를 두르고 1의 두부를 올려 3의 가루를 앞뒤로 뿌려가며
   노릇하게 지져요.

5. 두부에 고추장소스를 골고루 끼얹고 고추, 양파를 올려 약불로 3분 정도 조려요.

6. 불을 끄고 통깨를 뿌려요

Tip. 소스에서 고추장과 고춧가루를 빼면 간장조림장이 돼요.
   입맛에 따라 고추장 또는 간장 양념을 넣으세요.

두부명란조림

Recipe

두부명란조림

재료
두부 1모, 명란 1개, 쪽파 2뿌리, 포도씨유 1큰술, 소금 약간

양념
물 1컵, 간장 2큰술, 고춧가루·맛술 ½큰술씩, 다진 마늘 ½작은술

만드는 방법

1. 두부는 4×5cm 크기에 1cm 두께로 썰고, 쪽파는 송송 썰어요.

2. 1의 두부에 소금을 뿌린 뒤 겉으로 나온 수분은 키친타월로 닦아요.

3. 명란은 얇은 막을 자른 뒤 숟가락으로 긁어내요.

4. 양념 재료와 3의 명란을 고루 섞어요.

5. 달군 팬에 포도씨유를 두르고 두부를 올려 앞뒤로 노릇하게 지져요.

6. 여기에 4를 넣고 자작하게 조린 뒤 쪽파를 올려요.

Tip. 명란을 1cm 두께로 잘라 두부와 같이 조려도 좋아요.

된장마파두부

Recipe

된장마파두부

재료

다진 돼지고기 150g, 연두부 1½모, 가지 ½개, 다시마국물 1½컵
녹말물 ¼컵(물 ¼컵, 녹말가루 1큰술), 포도씨유 2큰술, 미소된장 1½큰술
다진 파·다진 마늘 1큰술씩, 참치액젓 ½작은술, 쪽파·포도씨유 약간씩

돼지고기 밑간

청주 1작은술, 소금·후춧가루 약간씩

만드는 방법

1. 가지는 사방 1.5cm 크기로 썰어요.

2. 다시마국물에 참치액젓을 넣고 미소된장을 잘 풀어요.

3. 다진 돼지고기는 밑간 양념에 버무려요.

4. 팬에 포도씨유를 두르고 다진 파와 마늘을 볶아 향을 내요.

5. 여기에 밑간한 돼지고기를 넣어 바싹 볶아요.

6. 5에 가지를 넣고 볶다가 2의 국물을 부어요.

7. 국물이 끓으면 연두부를 숟가락으로 떠 넣고 5분 정도 끓이다가
   녹말물을 넣고 살짝 끓인 뒤 송송 썬 쪽파를 올려요.

Tip. 미소된장 대신 굴소스로 간을 하면 중국식 마파두부가 돼요.

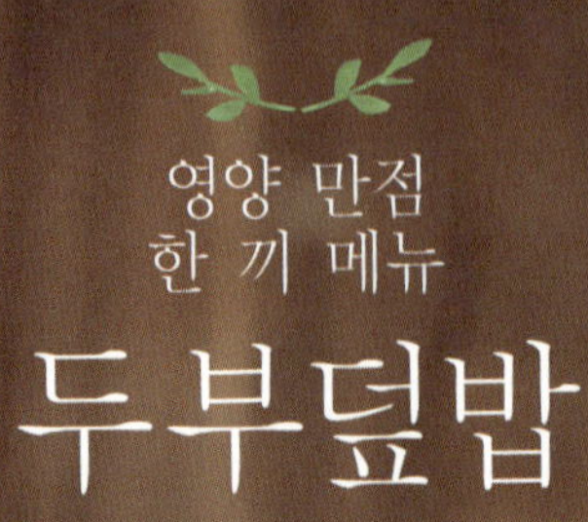

두부덮밥

Recipe

두부덮밥

재료

밥 1공기, 튀긴 두부 1모, 청양고추 1개, 대파 ¼대, 멸치국물 2컵, 고추기름 1큰술
녹말물(물 1큰술, 녹말 ½큰술)

소스

다진 마늘·국간장·멸치액젓·고춧가루·맛술 1큰술씩, 고추기름 1작은술

만드는 방법

1. 소스 재료는 고루 섞어요.

2. 청양고추와 대파는 어슷하게 썰고, 튀긴 두부는 8등분해요.

3. 냄비에 고추기름을 두르고 청양고추, 대파를 볶아요.

4. 여기에 1의 소스를 넣고 한 번 더 볶아요.

5. 4에 멸치국물을 붓고 끓으면 두부를 넣어 간이 배도록 뭉근하게 5분 정도 끓여요.

6. 두부에 간이 배면 녹말물을 넣어 농도를 맞추고 살짝 끓인 뒤 밥 위에 끼얹어요.

Tip. 시판하는 튀긴 두부를 이용해 간편하게 만들었어요.
튀긴 두부가 없을 때는 부침용 두부를 바싹 구워 넣어도 돼요.

두부김밥

Recipe

두부김밥

재료

고슬고슬한 밥 2공기, 김 3장, 단무지(김밥용) 3줄, 시금치 70g, 두부 ½모
당근 ⅓개, 소금·참기름·포도씨유·통깨 약간씩

만드는 방법

1. 당근은 0.5cm 두께로 채 썰어요. 두부는 단무지 두께로 길게 썰어 소금을 살짝
   뿌려 수분이 나오면 키친타월로 닦아요.

2. 시금치는 끓는 물에 소금을 약간 넣고 데친 뒤 찬물에 헹구어 물기를 꼭 짠 다음
   참기름과 소금에 버무려요.

3. 두부는 달군 팬에 포도씨유를 두르고 노릇하게 부친 뒤 키친타월에 올려
   기름을 빼요.

4. 3의 팬에 당근채를 넣고 소금을 약간 뿌려 볶아요.

5. 밥에 참기름, 소금, 통깨를 넣고 고루 섞어요.

6. 김은 거친 면이 위로 오도록 펼치고 5의 밥을 ⅓정도 얇게 펴요.

7. 밥 위에 두부, 단무지, 시금치, 당근을 올려 돌돌 말고 2cm 두께로 썰어요.

Tip. 김은 거친 면이 위로 오게 해서 밥을 올려야 밥알이 잘 붙어요.

구운두부아보카도볶음

Recipe

구운두부
아보카도볶음

재료
두부 1모, 토마토(중) 1개, 아보카도·삶은 옥수수 ½개씩, 삶은 검은콩 1컵
포도씨유·참기름·통깨·월남고추 약간씩

소스
간장 1큰술, 설탕·청주 ½큰술씩, 후춧가루·참기름 1작은술씩

만드는 방법

1. 두부는 0.5cm 두께로 채 썰어 달군 팬에 포도씨유를 두르고 노릇하게 지져요.

2. 아보카도는 반 잘라 씨를 빼고 껍질을 벗겨 사방 1.5cm 크기로 썰어요.

3. 토마토는 사방 2cm 크기로 썰고, 삶은 옥수수는 알알이 떼요.

4. 팬에 소스 재료를 넣고 끓어오르면 1, 2, 3을 넣고 볶아요.

5. 여기에 월남고추, 통깨, 참기름을 넣고 고루 섞어요.

Tip. 익은 아보카도는 슬라이스하지 말고 숟가락으로 떠 넣어도 예뻐요.

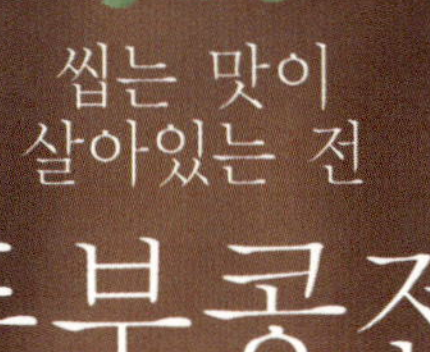

두부콩전

Recipe

두부콩전

재료

두부 1모, 표고버섯 1개, 양파 ¼개, 삶은 검은콩 1컵, 부침가루 ⅓컵
소금·후춧가루 약간씩, 포도씨유 적당량

만드는 방법

1. 두부는 키친타월로 물기를 닦고 소금, 후춧가루를 넣어 으깨요.

2. 검은콩은 믹서에 거칠게 갈아요.

3. 양파는 곱게 다지고, 표고버섯은 0.3cm 두께로 썰어요.

4. 2의 검은콩과 다진 양파, 부침가루를 고루 섞어요.

5. 달군 팬에 포도씨유를 두르고 반죽을 떠 넣어 지름 6cm 크기로 도톰하게 부쳐요.

6. 전에 편으로 썬 표고버섯을 하나씩 올리고 앞뒤로 노릇하게 지져요.

Tip. 콩을 거칠게 갈아 섞으면 고소하게 씹히는 맛을 즐길 수 있어요.
　　 부드러운 식감을 원할 때는 콩을 곱게 갈아 넣으면 돼요.

두부김치

Recipe

두부김치

재료

배추김치 200g, 두부 1모, 양파 ⅓개, 대파 ¼대, 멸치국물 ⅓컵
포도씨유·올리고당 2큰술씩, 다진 마늘·고추장 1작은술씩, 참기름·통깨 약간씩

만드는 방법

1. 두부는 끓는 물에 데친 뒤 4×5cm 크기에 1cm 두께로 썰어요.

2. 김치는 한입 크기로 썰고, 양파는 채 썰고, 대파는 어슷하게 썰어요.

3. 중불로 달군 팬에 포도씨유를 두르고 다진 마늘과 양파를 볶아요.

4. 3에 김치를 넣어 볶으면서 멸치국물을 조금씩 나누어 넣어요.

5. 여기에 고추장과 올리고당을 넣고 2~3분 볶아요.

6. 5에 대파를 넣고 살짝 볶은 뒤 불을 끄고 참기름과 통깨를 넣어요.

7. 그릇에 데친 두부와 김치볶음을 담아요.

Tip. 김치를 볶을 때 멸치국물을 조금씩 넣어가며 볶으면 김치가 부드러워져요.

두부소스콩샐러드

Recipe

두부소스콩샐러드

재료

연두부 1모, 셀러리 ⅓대, 적양파(중) ⅓개, 병아리콩 ⅓컵
로메인·겨자채·라디치오 20g씩

샐러드드레싱

간장·레몬즙·포도씨유 1큰술씩, 설탕 ⅓큰술

만드는 방법

1. 병아리콩은 1시간 정도 불린 뒤 팔팔 끓는 물에 넣어 10분쯤 삶아요.

2. 로메인, 겨자채, 라디치오는 깨끗이 씻어 물기를 빼요.

3. 셀러리는 사방 0.5cm 크기로 썰고, 적양파는 사방 1cm 크기로 썰어요.

4. 믹서에 연두부, 샐러드드레싱 재료를 넣고 곱게 갈아요.

5. 모든 재료를 고루 버무려요.

Tip. 병아리콩과, 렌틸콩, 흰콩 등 다양한 콩을 삶아 넣으면
　　 더욱 건강한 샐러드 메뉴를 즐길 수 있어요.

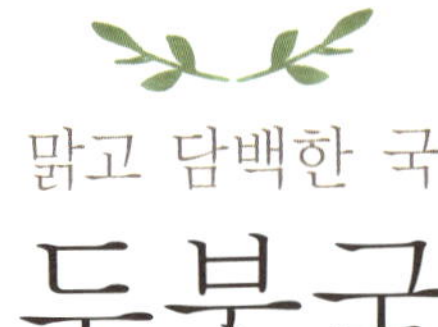

맑고 담백한 국

두붓국

Recipe

Tip.
국을 끓일 때 멸치액젓이나
참치액젓으로 간을 하면
감칠맛이 나요.

재료

유부 15g, 두부 ¼모, 홍고추 ⅓개, 대파 ¼대, 다시마국물 4컵
멸치액젓·국간장 ½큰술씩, 소금 약간

만드는 방법

1. 유부와 두부는 0.5cm 두께로 채 썰어요.

2. 대파와 홍고추는 어슷하게 썰어요.

3. 냄비에 다시마국물을 붓고 끓으면 멸치액젓, 국간장, 소금을 넣어요.

4. 한소끔 끓으면 손질한 재료를 모두 넣고 3분 정도 더 끓여요.

1인분씩 담아 내기 좋은 손님 초대 메뉴

연두부나토샐러드

Recipe

Tip.
애피타이저로 먹기 좋은
샐러드로 손님 초대상에
1인분씩 담아내기 좋아요.

재료
연두부 1모, 어린잎채소 50g, 방울토마토 3개
나토 1큰술, 레몬오일 약간

만드는 방법
1. 레몬오일과 발사믹크림을 섞어
   드레싱을 만들어요.
2. 연두부는 4등분해 접시에 담아요.
3. 어린잎채소는 레몬오일에 살짝
   버무려요.

드레싱
레몬오일·발사믹크림
1작은술씩

4. 방울토마토는 꼭지를 떼고 4등분해요.
5. 2의 둘레에 어린잎채소를 돌려 담고
   나토와 방울토마토를 올려 장식하고
   드레싱을 뿌려요.

2. 어묵

겨울은 따뜻한 어묵이 생각나는 계절이에요. 그렇다보니, 겨울에는 다양하게
먹을 수 있는 어묵 요리들이 많이 있는데요. 겨울 뿐 아니라 계절에 상관없이
다양한 반찬을 만들어 먹을 수 있는 재료 또한 어묵이거도 해요.
마트에서 쉽게 구할 수 있어 요리 초보도 손쉽게 만들 수 있는 재료랍니다.

어묵

어묵은 저지방 고칼슘 식품이에요.
하지만 나트륨 함량이 높으니 조리할
때 간을 최소한으로 하세요. 다양한
종류의 어묵으로 취향에 맞게 요리를
즐겨보세요.

종류

선택

제조일자와 유통기한을 확인하고, 혹
시 곰팡이가 있는지도 꼼꼼히 살피세
요. 개봉했을 때 시큼한 냄새가 나면
상한 거예요.

손질

어묵은 표면에 기름이 많으니 뜨거운
물에 살짝 데쳐서 조리하세요.

보관

개봉한 것은 가능한 한 빨리 이용하
세요. 지퍼백에 담아 냉장 보관하고,
나중에 먹을 것은 냉동실에 얼려둬
요.

푸짐한
저녁 메뉴
매운해물어묵탕

Recipe

매운해물어묵탕

재료

모둠어묵 300g, 새우 2마리, 꼬치 7개, 바지락 10개, 홍합 3개
풋고추·홍고추 1개씩, 쑥갓 2줄기, 대파 ¼대, 멸치국물 2컵

양념장

맛술·고추장·간장 2큰술씩, 고춧가루·올리고당·다진 마늘 1큰술씩, 후춧가루 약간

만드는 방법

1. 어묵은 끓는 물에 살짝 데쳐 물기를 빼고 꼬치에 꿰어 준비해요.

2. 쑥갓은 밑동을 자르고, 고추와 대파는 어슷하게 썰어요.

3. 홍합은 껍데기를 칫솔로 문질러 닦아 바지락과 함께 흐르는 물에 씻어 체에 건져요.

4. 새우는 수염을 자르고 등 두 번째 마디에 이쑤시개를 넣어 내장을 빼내고
   깨끗이 씻어요.

5. 양념장 재료는 고루 섞어요.

6. 냄비에 멸치국물과 홍합, 바지락, 새우, 양념장을 넣고 끓여요.

7. 여기에 어묵꼬치를 넣고 뒤집어가며 끓여요.

8. 어묵에 양념이 배고 국물 맛이 우러나면 2의 채소를 넣고 불을 꺼요.

Tip. 9~10월에는 제철을 맞은 꽃게 한 마리를 통째로 넣고 끓여보세요.
     다른 해물을 넣지 않아도 꽃게 향이 가득한 색다른 어묵탕을 즐길 수 있어요.

따뜻한 국물이 생각날 때
어묵국

Recipe

재료
사각 어묵 300g, 무 20g
청양고추 1개, 홍고추 ½개
대파 ¼대, 다시마국물 4컵

양념
다진 마늘·국간장 ½큰술씩
소금·후춧가루 약간씩

Tip.
어묵은 끓는 물에 살짝
데치거나 체에 담아 뜨거운
물을 부어 기름을 뺀 뒤
조리해야 국물 맛이
깔끔해요.

만드는 방법
1. 어묵은 뜨거운 물에 살짝 데쳐 한입 크기의 삼각 모양으로 썰어요.
2. 대파와 고추는 어슷하게 썰고, 무는 0.5 두께로 얄팍하게 썰어요.
3. 냄비에 다시마국물과 무를 넣고 끓으면 중불로 줄여 5분 정도 더 끓여요.
4. 여기에 어묵과 양념을 넣고 국물이 뽀얗게 우러나게 끓여요.
5. 마지막에 대파와 고추를 넣고 살짝 끓여요.

입에 착 달라붙는 감칠맛이 특징

매운어묵조림

Recipe

재료

어묵 200g, 풋고추 1개, 홍고추 ½개
양파 1/4개, 포도씨유 2큰술
통깨 약간

양념장

간장·물 3큰술씩, 올리고당·청주 1큰술씩
설탕 ½큰술, 고추장 1작은술
고춧가루 ½작은술, 후춧가루 약간

Tip.
양념장을 넣을 때
떡을 더해 볶으면
어묵떡볶이가 돼요.

만드는 방법

1. 어묵은 뜨거운 물에 데쳐 물기를 빼요.

2. 고추는 송송 썰고, 양파는 채 썰어요. 양념장 재료는 고루 섞어요.

3. 달군 팬에 포도씨유를 두르고 양파, 어묵을 볶다가 양파가 투명해지면
   양념장을 넣고 조려요.

4. 양념장이 졸아들면 고추, 통깨를 넣고 가볍게 섞어요.

어묵파프리카볶음

Recipe

어묵파프리카볶음

재료

후춧가루 약간, 사각 어묵 100g, 양파·빨강·노랑·주황 파프리카 ¼개씩
포도씨유 1큰술

양념장

간장·청주 1½큰술씩, 설탕 1큰술, 식초·올리고당 ½큰술씩, 후춧가루 약간

만드는 방법

1. 어묵과 양파, 파프리카는 0.3cm 두께로 채 썰어요.

2. 채 썬 어묵은 뜨거운 물에 살짝 데쳐 물기를 빼요.

3. 양념장 재료는 고루 섞어요.

4. 달군 팬에 포도씨유를 두르고 데친 어묵, 파프리카, 양파 순서로 넣어 볶아요.

5. 여기에 3의 양념장을 넣고 볶다가 채소가 익으면 후춧가루를 뿌려요.

Tip. 삶은 당면을 넣어 볶으면 어묵잡채를 즐길 수 있어요.

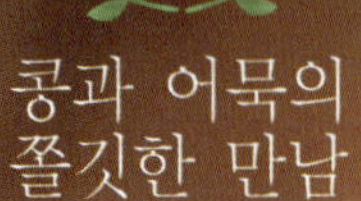

병아리콩어묵조림

Recipe

병아리콩어묵조림

재료
사각 어묵 200g, 불린 병아리콩 1컵, 월남고추 3개

양념장
물 1컵, 간장 3큰술, 올리고당 2큰술, 설탕 1큰술

만드는 방법

1. 어묵은 뜨거운 물에 데쳐 사방 3cm 크기로 썰어요.

2. 병아리콩은 물에 담가 30분 정도 불려요.

3. 냄비에 물 1컵을 붓고 불린 병아리콩을 넣어 콩이 ⅔ 정도 익도록 8분간 삶아요.

4. 양념장 재료는 고루 섞어요.

5. 3에 어묵과 양념장을 넣고 국물이 자작해질 때까지 조려요.

6. 여기에 월남고추를 손으로 부수어 넣고 살짝 조려요.

Tip. 병아리콩이 없으면 흰콩이나 검은콩을 조려도 맛있어요.

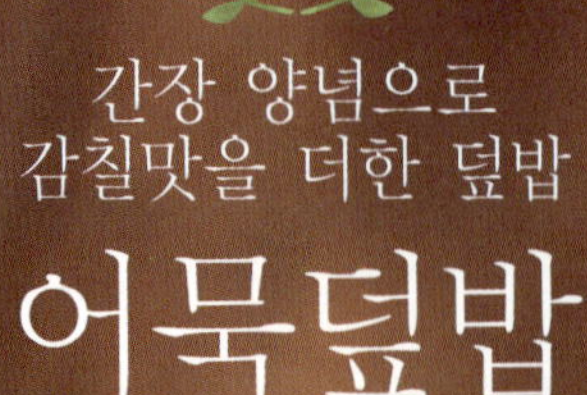

어묵덮밥

Recipe

어묵덮밥

재료
밥 1공기, 사각 어묵 100g, 마늘 2쪽, 새송이버섯 1개, 양파·파프리카 ¼개씩
고추기름 2큰술, 참기름·녹말물 1큰술(물 1큰술, 녹말 ½큰술)씩, 통깨 약간

양념
물 3큰술, 간장·굴소스 1큰술씩, 설탕 ½작은술, 소금·후춧가루 약간씩

만드는 방법

1. 어묵은 뜨거운 물에 살짝 데쳐 5cm 길이, 0.5cm 두께로 썰어요.

2. 새송이버섯과 양파, 파프리카는 어묵처럼 채 썰고, 마늘은 저며 썰어요.

3. 달군 팬에 고추기름을 두르고 마늘과 양파를 볶아요.

4. 양파가 숨이 죽으면 중불로 줄이고 손질한 채소와 어묵, 양념을 넣어 볶아요.

5. 여기에 녹말물을 조금씩 넣어 농도를 맞춰요.

6. 불을 끄고 참기름을 넣어 가볍게 섞어요.

7. 밥 위에 6을 끼얹고 통깨를 뿌려요.

Tip. 아이들과 먹을 때는 매운맛을 내는 고추기름 대신 포도씨유를 넣으면 돼요.

어묵떡잡채

Recipe

어묵떡잡채

재료

사각 어묵·떡볶이 떡 100g씩, 부추 5g, 양파 ⅓개, 포도씨유 1큰술
참기름·통깨·후춧가루 약간씩

양념장

맛술 ⅓컵, 간장 2큰술, 올리고당 1⅓큰술, 굴소스 ⅓큰술

만드는 방법

1. 어묵은 1cm 폭으로 썰어 뜨거운 물에 데쳐요.

2. 떡은 미지근한 물에 5분쯤 담가두었다가 물기를 빼요.

3. 양파는 0.3cm 두께로 채 썰고, 부추는 6cm 길이로 썰어요.

4. 양념장 재료는 고루 섞어요.

5. 달군 팬에 포도씨유를 두르고 양파, 떡 순서로 넣어 볶다가 양념장을 넣고 조려요.

6. 양념이 자작해지면 어묵을 넣어 볶다가 부추, 참기름, 통깨, 후춧가루를 넣고 버무려요.

Tip. 떡을 물에 담가두었다가 볶아야 서로 달라붙지 않아요.

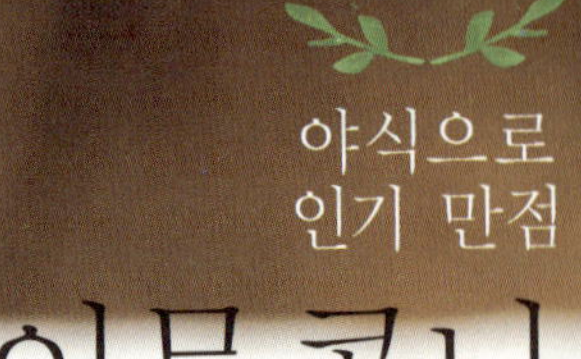

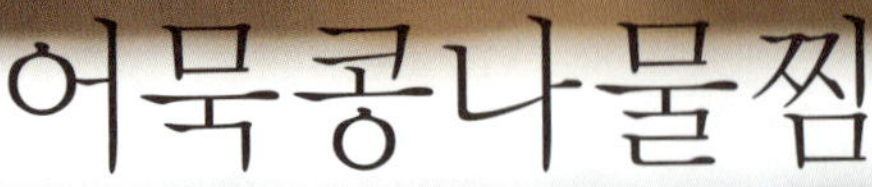

어묵콩나물찜

Recipe

어묵콩나물찜

재료

원통형 어묵 200g, 콩나물 100g, 미나리 50g, 대파 ½대, 양파·당근 ½개씩
다시마국물 1½컵, 녹말물 1큰술(물 1큰술, 녹말가루 ½큰술), 참기름 ½큰술
통깨 약간

양념장

간장 3큰술, 고춧가루 2큰술, 설탕·맛술 1큰술씩, 다진 마늘·고추장 ½큰술씩
후춧가루 약간

만드는 방법

1. 양념장 재료는 고루 섞어요.

2. 콩나물은 깨끗이 씻어 물기를 빼요.

3. 어묵은 한입 크기로 썰어 뜨거운 물에 데쳐 물기를 빼요.

4. 대파는 어슷하게 썰고, 양파와 당근은 곱게 채 썰어요.
   미나리는 잎을 떼어내고 5cm 길이로 썰어요.

5. 냄비에 다시마국물을 붓고 끓으면 콩나물을 넣어 살짝 숨이 죽게 익혀요.

6. 여기에 데친 어묵과 1의 양념장을 넣고 중불로 3분 정도 끓여요.

7. 콩나물이 익으면 양파, 당근, 미나리, 대파를 넣고 3분쯤 더 끓여요.

8. 7에 녹말물을 조금씩 넣으며 농도를 맞춘 뒤 참기름, 통깨를 넣고 가볍게 섞어요.

3. 참치 통조림

참치는 등푸른 생선 중에서도 DHA가
특히 많이 함유되어 있어 성장기 아이들의
두뇌발달에 좋아요. 또한 수분 함량이 비교적
적고 단백질 함량이 많아 세포의 노화를
방지해주는 건강식품이에요. 장을 보다가
마트에서 구입해온 참치 통조림으로 다양한
요리를 즐겨보세요.

종류

청양고추참치
참치에 간장소스, 청양고추와 양파를
더해 매운맛을 살린 통조림이에요.

참치
참치의 담백한 살코기를 담은
통조림이에요.

고추참치
매콤한 고추소스와 감자,
양파를 넣은 매콤한 맛의
참치 통조림이에요.

야채참치
당근, 감자, 옥수수 등
잘게 썬 채소를 넣은
참치 통조림이에요.

김치날치알참치
김치와 날치알을 더한 참치
통조림으로 톡톡 씹히는 맛이
특징이에요. 밥과 같이 볶아
먹기 좋아요.

선택

유통기한을 확인하고 구입하세요. 요
리에 따라 기호에 맞는 참치통조림을
고르면 돼요.

손질

체에 밭치거나 키친타월로 감싸 기름
을 뺀 뒤에 조리하세요.

보관

직사광선을 피해 서늘한 곳에 보관해요.

참치주먹밥

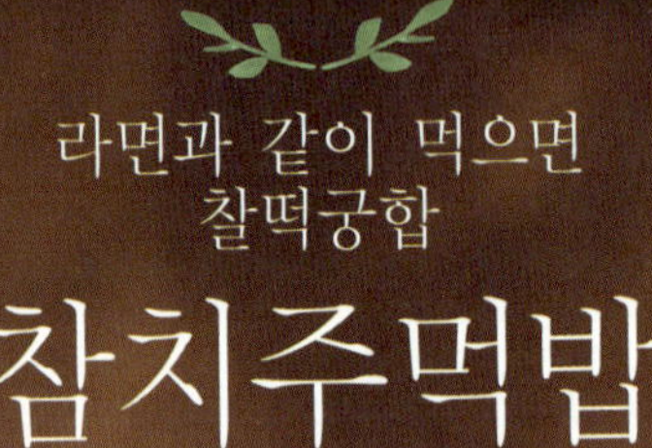

Recipe

참치주먹밥

재료
찹쌀밥 2공기, 통깨 2큰술, 소금 ½큰술, 설탕 2작은술, 김가루 적당량

속 재료
참치(통조림) 1개, 마요네즈 4큰술, 다진 치자단무지 3큰술, 통깨 2큰술

만드는 방법

1. 찹쌀밥은 소금, 설탕, 통깨를 넣고 고루 버무려요.

2. 참치는 체에 밭쳐 기름을 빼요.

3. 2의 참치와 나머지 속 재료를 고루 섞어요.

4. 1을 빚어 지름 7cm 크기의 동그란 주먹밥을 만든 다음 가운데에 3을 채워 넣고 오므려요.

5. 주먹밥에 김가루를 고루 묻혀요.

Tip. 밥을 삼각형 모양으로 빚어 김가루를 묻히거나 김을 잘라 감싸면 참치삼각김밥이 돼요.

캠핑 요리로 인기 최고

참치김치찌개

Recipe

Tip.
김치를 볶다가 물을 붓고
찌개를 끓이면 맛이 더욱
깊어져요.

<u>재료</u>

배추김치 250g, 고추참치(통조림)·청양고추 1개씩, 홍고추 ½개, 양파 ½개, 대파 ½대
물 2컵, 김칫국물 ½컵, 고춧가루·포도씨유 1큰술씩

<u>만드는 방법</u>

1. 양파는 0.5cm 두께로 채 썰고, 고추와 대파는 어슷하게 썰어요.

2. 김치는 양념을 털어내고 사방 2cm 크기로 썰고, 참치는 체에 밭쳐 기름을 빼요.

3. 중불로 달군 냄비에 포도씨유를 두르고 김치와 김칫국물, 고춧가루를 넣고 김치가
   투명해지도록 볶아요.

4. 여기에 물과 참치를 넣고 10분쯤 끓인 뒤 대파, 고추를 넣어 한 번 더 끓여요.

쫄깃함과 아삭함이 조화로운 볶음밥

참치채소볶음밥

Recipe

재료

밥 1공기, 야채참치(통조림)·감자 1개씩, 당근·청피망·양파 ¼개씩, 포도씨유 2큰술
간장·맛술 1큰술씩, 소금·후춧가루·참기름 약간씩

만드는 방법

1. 감자와 당근, 피망, 양파는 사방 1cm 크기로 썰어요.

2. 참치는 체에 밭쳐 기름을 빼요.

3. 달군 팬에 포도씨유를 두르고 감자, 당근, 양파, 피망 순으로 넣어 볶다가 채소가 다 익으면 참치와 맛술, 간장을 넣어 볶아요.

4. 여기에 밥을 넣고 잘 섞이도록 주걱을 세워 볶은 뒤 소금으로 간을 맞추고 참기름, 후춧가루를 넣어요.

Tip.
볶음밥을 만들 때 뜨거운 밥보다 찬밥을 넣으면 더 고슬고슬하게 잘 볶아져요.

참치동그랑땡

Recipe

참치동그랑땡

재료
두부 ⅓모, 김치날치알참치(통조림)·달걀 1개씩, 양파 ⅓개, 밀가루 ⅓컵
포도씨유 적당량

양념
빵가루 2큰술, 다진 마늘 ⅓큰술, 소금 ⅓작은술, 후춧가루 약간

만드는 방법

1. 두부는 키친타월로 감싸 물기를 닦아요.

2. 참치는 체에 밭쳐 기름을 빼고, 양파는 곱게 다져요.

3. 1, 2와 양념을 고루 섞어 두부와 참치를 으깨가면서 오래 치대요.

4. 반죽을 지름 6cm 크기로 동글납작하게 빚어 밀가루, 달걀물 순으로 옷을 입혀요.

5. 달군 팬에 포도씨유를 두르고 4를 올려 앞뒤로 노릇하게 부쳐요.

Tip. 참치동그랑땡은 오래 익힐 필요가 없으니 앞뒷면이 노릇할 정도로 지지면 돼요.

참치매운덮밥

Recipe

참치매운덮밥

재료

청양고추참치(통조림) 1개, 애호박·양파 ½개씩, 양배추 80g
대파 ¼대, 다시마국물 1½컵, 포도씨유 2큰술, 간장 1½큰술
녹말물 1큰술(물 1큰술, 녹말 ½큰술), 다진 마늘 1작은술, 소금·참기름 약간씩

참치 양념

고추장 1½큰술, 참기름 1큰술, 설탕·올리고당 ½큰술씩, 고춧가루 2작은술
후춧가루 약간

만드는 방법

1. 참치는 기름을 빼고 양념에 버무려요.

2. 대파는 잘게 다지고, 애호박과 양파, 양배추는 사방 1cm 크기로 썰어요.

3. 달군 팬에 포도씨유를 두르고 다진 대파와 마늘을 볶아요.

4. 여기에 애호박, 양파, 양배추를 넣고 볶다가 간장, 소금으로 간해요.

5. 4에 참치를 넣고 살짝 볶다가 다시마국물을 부어요.

6. 국물이 끓기 시작하면 녹말물로 농도를 맞춘 뒤 참기름을 넣고 고루 섞어요.

Tip. 대파와 마늘을 충분히 볶아 향을 낸 뒤에 채소를 넣으세요.
그래야 참치의 비린 맛을 잡을 수 있어요.

식감이 살아있는 밑반찬
적양파참치무침

Recipe

Tip.
양파를 찬물에 담가두면
매운맛은 빠지고 더욱
아삭해져요.

재료
참치(통조림) · 적양파(중) 1개씩
셀러리 1대

만드는 방법

1. 참치는 체에 밭쳐 기름을 빼요.
   양파는 사방 3cm 크기로 깍둑썰기 해 찬물에 담가 매운맛을 빼요.

2. 셀러리는 깨끗이 씻어 어슷하게 썰어요.

3. 마요네즈소스 재료는 고루 섞어요.

4. 참치, 양파, 셀러리, 소스를 고루 버무려요.

마요네즈소스
마요네즈 3큰술, 레몬즙 1큰술, 통깨 $\frac{1}{2}$큰술
씨겨자 $\frac{1}{2}$작은술, 소금 약간

드레싱마저도 부담 없는 칼로리

참치양상추샐러드

Recipe

재료
참치(통조림) 1개, 양상추 ¼개
치커리 적당량

드레싱
식초 2큰술, 다진 양파·올리브유 1큰술씩
씨겨자 ⅓큰술, 설탕 4작은술, 소금 1작은술

만드는 방법

1. 드레싱 재료는 고루 섞어요.

2. 양상추와 치커리는 한입 크기로 자르고, 참치는 체에 밭쳐 기름을 빼요.

3. 준비한 재료를 고루 버무려요.

Tip.
모닝빵을 반 가르고
양상추와 참치샐러드를
넣어 샌드위치로 먹어도
좋아요.

4. 달걀

울퉁한 단백질 공급원인 달걀은 두뇌 활동을 돕고 시력을 보호하며
노화를 막아주는 효과가 있어요. 두뇌 발달에 도움이 되는 레시틴 성분은 인체의
콜레스테롤 흡수도 억제해준답니다. 또한 혈관을 청소해 몸속에 쌓인
독소 물질을 배출하여 치매 예방에도 도움이 돼요.

종류

메추리알
크기가 작은 메추리알은 삶아서
조림을 만들거나 샐러드 등
요리에 넣기 좋아요.

달걀
다양한 음식 재료로 쓰이는
달걀은 무수정 배란으로
얻는 무정란과 수정되어
병아리로 태어나기 전
상태의 유정란이 있어요.

선택

껍데기가 꺼칠꺼칠하고 무게감이 느
껴지는 달걀이 좋아요.

손질

달걀껍데기에 살모넬라균이 있을 수 있
으므로 흐르는 물에 씻는 게 안전해요.

보관

달걀은 완만하게 둥근 쪽에 숨구멍이
있으니 뾰족한 부분이 아래로 향하도
록 해서 냉장실에 보관해요.

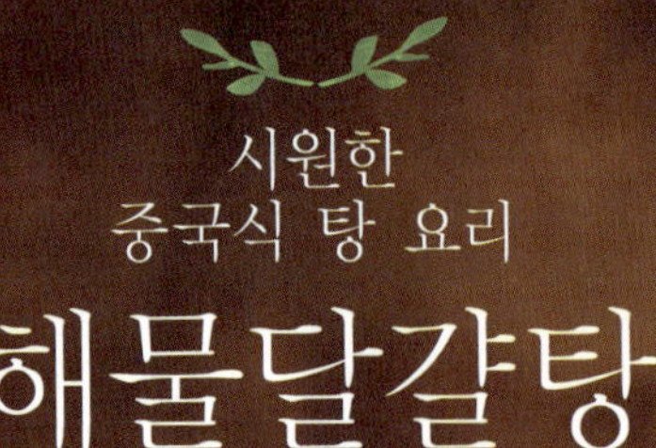

해물달걀탕

Recipe

해물달걀탕

재료
오징어·바지락살 30g씩, 냉동 새우 3마리, 대파 ½대, 달걀 3개, 양파 ½개
청양고추 ½개, 다시마국물 3컵, 미소된장 2큰술, 다진 마늘 1큰술, 청주 1작은술
후춧가루 약간

만드는 방법

1. 다시마국물 ½컵에 미소된장을 넣어 섞고, 달걀은 곱게 풀어요.

2. 양파는 곱게 채 썰어 1의 달걀물에 넣어 섞어요.

3. 대파와 청양고추는 어슷하게 썰어요.

4. 오징어는 5×0.5cm 크기로 썰고, 바지락살과 냉동 새우는 흐르는 물에 씻어
   물기를 빼요.

5. 냄비에 1의 미소된장물과 남은 다시마국물 2½컵을 붓고 끓으면 손질한 해물과
   다진 마늘, 청주를 넣고 끓여요.

6. 국물이 끓으면 2의 달걀물을 돌려가며 붓고 달걀이 약간 익으면 저어요.

7. 6의 달걀이 거의 익으면 대파, 청양고추, 후춧가루를 넣고 살짝 끓여요.

Tip. 달걀물을 붓고 바로 저으면 달걀이 풀어져 국물이 지저분해지니 달걀이 살짝 익었을 때
   저으세요.

일식 달걀찜

Recipe

일식달걀찜

<u>재료</u>
달걀 3개, 물 ½컵, 칵테일 새우 ⅓컵, 무순 약간

<u>양념</u>
새우젓 국물 1큰술, 맛술 ½큰술, 소금 약간

<u>만드는 방법</u>

1. 달걀은 알끈을 제거하고 곱게 풀어 체에 내린 뒤 양념과 물을 넣고 섞어요.

2. 새우는 끓는 물에 데쳐서 굵게 썰고, 무순은 깨끗이 씻어요.

3. 그릇에 1의 달걀물과 새우 ½ 분량을 넣고 쿠킹포일을 덮어요.

4. 냄비에 3의 그릇이 반쯤 잠기도록 물을 붓고 물이 끓으면 3을 넣고 뚜껑을 덮어 중불에서 15분, 약불로 5분 정도 익혀요.

5. 5의 달걀찜이 익으면 남은 새우와 무순을 올려요.

Tip. 쿠킹포일을 덮어 약불에서 은은히 익혀야 부드러운 달걀찜을 만들 수 있어요.

달걀현미밥

Recipe

달걀현미밥

재료

현미밥 2공기, 달걀 2개, 로메인 2장, 구운 김 1장, 아보카도 $\frac{1}{2}$개, 대파 $\frac{1}{4}$대
통깨·참기름 약간씩

간장소스

간장·레몬즙 1큰술씩

만드는 방법

1. 달걀은 삶아서 껍질을 벗겨 4등분해요.
2. 아보카도는 반 갈라 씨를 빼고 껍질을 벗겨 1cm 두께로 슬라이스하고, 대파는 송송 썰어요.
3. 구운 김은 3등분으로 접어 가위로 가늘게 채 썰 듯 자르고, 로메인은 곱게 채 썰어요.
4. 그릇에 밥을 담고 달걀, 아보카도, 로메인, 김, 대파를 올리고 통깨, 참기름을 뿌려요.
5. 간장소스 재료를 섞어 달걀현미밥에 곁들여요.

Tip. 현미를 끓는 물에 삶아 샐러드로 즐겨도 좋아요.

주말 브런치 메뉴로 좋은 볶음밥

달걀볶음밥

Recipe

재료
밥 1공기, 달걀 2개, 토마토 1개, 대파 ½대, 포도씨유 3큰술, 굴소스 1큰술
소금·후춧가루·참기름 약간씩

Tip.
토마토는 살짝 볶거나 끓는
물에 데쳐 껍질을 벗긴 뒤
조리하면 먹을 때 껍질이
입안에서 겉돌지 않아
좋아요.

만드는 방법

1. 달걀은 곱게 풀고, 대파와 토마토는 사방 1cm 크기로 썰어요.

2. 달군 팬에 포도씨유 1큰술을 두르고 달걀물을 부어 휘저어가며 익혀
   스크램블드에그를 만들어요.

3. 2의 팬에 포도씨유 1큰술을 두르고 토마토를 살짝 볶아요.

4. 3의 팬에 포도씨유 1큰술을 두르고 대파를 볶아 향이 나면 밥과 굴소스를 넣어 볶아요.

5. 여기에 스크램블드에그와 볶은 토마토를 넣고 소금, 후춧가루로 간한 뒤 참기름을
   넣어 고루 섞어요.

포장마차 인기 안주 메뉴

달걀말이

Recipe

재료

달걀 4개, 다진 양파 4큰술, 다진 햄(통조림) 3큰술, 우유 2큰술
다진 쪽파·다진 당근 1큰술씩, 국간장·소금 $\frac{1}{4}$작은술씩
고춧가루·포도씨유 약간씩

Tip.
달걀말이는 달걀물을 나누어 부으며 돌돌 말아야 모양이 예쁘게 잡히고 두툼하게 말 수 있어요.

만드는 방법

1. 달걀은 알끈을 제거하고 곱게 풀어요.
2. 1에 양파, 햄, 쪽파, 당근, 우유, 국간장, 소금, 고춧가루를 넣고 섞어요.
3. 달군 팬에 포도씨유를 약간 두르고 2의 달걀물을 $\frac{1}{3}$정도 붓고 재빨리 휘저어 적당히 익으면 한쪽으로 밀어 도톰한 심지를 만들어요.
4. 여기에 남은 달걀물을 붓고 연이어 돌돌 말기를 4~5회 반복해요.
5. 김발 위에 4를 올리고 돌돌 말아 모양을 잡아 식힌 뒤 1cm 두께로 썰어요.

1

2

3·4

5

만화 〈심야식당〉 메뉴 카피캣
소시지달걀말이

Recipe

재료
달걀 4개, 프랑크 소시지 3개
포도씨유 적당량

달걀 양념
모차렐라치즈 ¼컵, 우유 2큰술
소금 ⅓작은술

Tip.
프랑크 소시지는 살짝 데치거나
뜨거운 물로 헹구어 조리해야
기름기가 빠진 담백한 맛을
즐기실 수 있어요.

만드는 방법

1. 달걀은 알끈을 제거하고 곱게
   풀고 양념 재료를 넣어 섞어요.

2. 프랑크 소시지는 끓는 물에
   살짝 데쳐 키친타월로 물기를
   닦아요.

3. 약불로 달군 팬에 1의 달걀물을 3큰술 정도
   떠 넣고 얇게 펴 반쯤 익으면 소시지를 올려
   돌돌 마는 것을 2~3회 반복해요.

4. 소시지달걀말이를 한 김 식힌 뒤 2cm
   두께로 썰어요.

한입에 쏙~ 건강 반찬

메추리알호두조림

Recipe

Tip.

마지막에 센 불로 조리면
맛깔스러운 색이 나요.

재료

메추리알 13개, 호두 ⅓컵
소금 약간

조림장

간장 3큰술, 올리고당·맛술 2큰술씩
설탕 1큰술

만드는 방법

1. 메추리알은 냄비에 물, 소금과 같이
   넣고 8분 정도 삶아 찬물에 식혀
   껍질을 벗겨요.

2. 호두는 기름 두르지 않은 팬에 볶아요.

3. 냄비에 조림장 재료와 삶은 메추리알을
   넣고 중약불로 조려요.

4. 양념이 자작하게 졸아들면 볶은
   호두를 넣고 색이 나도록 좀 더
   조려요.

눈과 입으로 즐기는
특별한 요리

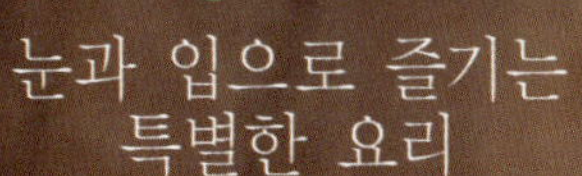

달걀시금치오믈렛

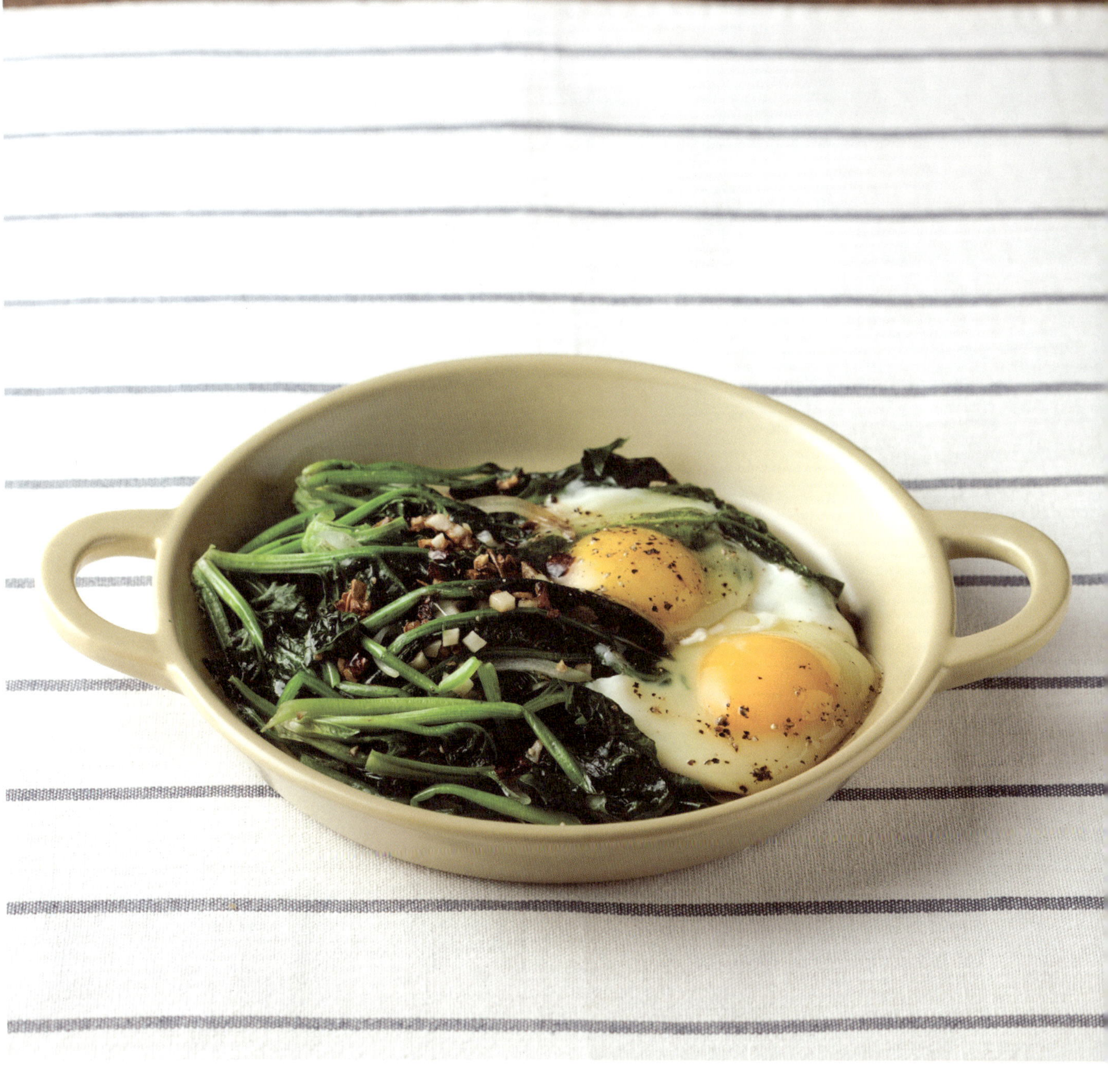

Recipe

달걀시금치오믈렛

재료

시금치 $\frac{1}{2}$단, 마늘 2쪽, 달걀 2개, 월남고추 1개, 양파 $\frac{1}{4}$개, 올리브유 $\frac{1}{2}$큰술
소금 $\frac{1}{2}$작은술, 후춧가루 약간

만드는 방법

1. 시금치는 깨끗이 씻어 물기를 빼고, 마늘과 월남고추는 굵게 다져요.
2. 양파는 곱게 채 썰어요.
3. 달군 팬에 올리브유를 두르고 다진 마늘과 월남고추를 볶아 향을 내요.
4. 여기에 시금치를 넣고 볶아 숨이 살짝 죽으면 약불로 줄이고 소금으로 간해요.
5. 4에 채 썬 양파를 넣어 볶아요.
6. 노른자가 깨지지 않게 달걀을 깨트려 넣고 후춧가루를 뿌려요.

Tip. 시금치를 익을 때까지 계속 볶으면 여열에 의해 색이 죽어요.
살짝만 익혀 푸릇한 색을 살리세요.

Bonus

초보 주부들의 요리 궁금증을 해결해요

Q1.

달걀말이를 하면 모양이 잘 안 잡혀요. 어떻게 해야 두툼하면서도 예쁜 달걀말이를 만들 수 있나요?

달걀말이를 두툼하게 말기 위해서는 가운데 심지를 만들어야 해요. 먼저 달걀물의 ⅓ 정도를 팬에 붓고 휘저어 익히면서 도톰하게 심지를 만들어 팬의 한쪽 끝으로 밀어둬요. 그다음 달걀물을 조금씩 부어가며 얇게 펴서 심지를 돌돌 마는 것을 반복하세요. 이렇게 하면 달걀의 양에 따라 10~20cm 두께의 두툼하고 예쁜 달걀말이를 만들 수 있어요.

Q4.

튀김을 만들면 금세 눅눅해지는데 바삭한 튀김 만드는 비법이 궁금해요.

반죽에 물을 약간만 덜 넣고 대신 얼음을 넣어두면 반죽이 차갑게 유지되어 바삭한 튀김을 만들 수 있어요. 또한 반죽을 섞을 때 가루를 완전히 풀지 말고 몽글몽글 덩어리가 질 정도로만 섞는 게 좋아요.

Q2.

음식점에서 주는 달걀찜은 뚝배기 위로 봉긋하게 올라와 먹음직스러워요. 보기도 좋고 부드럽고 맛있는 달걀찜 만드는 방법을 알려주세요.

먼저 뚝배기에 물을 붓고 끓기 시작하면 달걀물을 조금씩 넣으며 저으세요. 그다음 불을 약불로 줄이고 쿠킹포일로 덮어 30분 정도 은근히 익히면 볼록한 달걀찜을 만들 수 있어요.

Q3.

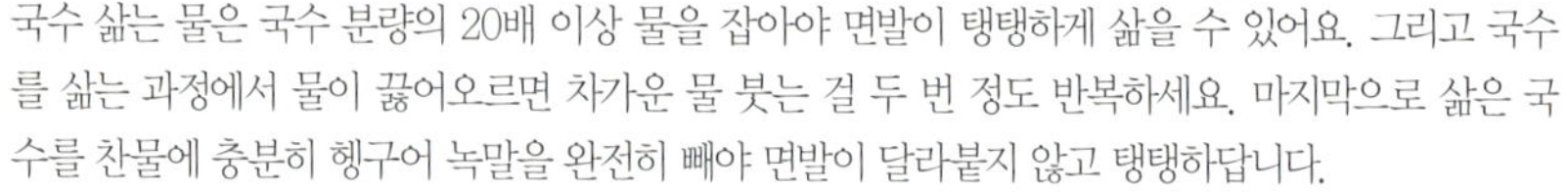

국수를 삶으면 면이 금방 불어요. 탱탱하게 삶는 요령이 있나요?

국수 삶는 물은 국수 분량의 20배 이상 물을 잡아야 면발이 탱탱하게 삶을 수 있어요. 그리고 국수를 삶는 과정에서 물이 끓어오르면 차가운 물 붓는 걸 두 번 정도 반복하세요. 마지막으로 삶은 국수를 찬물에 충분히 헹구어 녹말을 완전히 빼야 면발이 달라붙지 않고 탱탱하답니다.

Q5.

젓갈을 맛있게 무치는 방법과 젓갈 활용한 음식을 알고 싶어요.

젓갈은 먹기 바로 직전에 무치는 게 요령이에요. 참기름, 통깨, 다진 청양고추를 넣고 기호에 따라 고춧가루 ½작은술을 넣어 무치면 감칠맛 나는 젓갈을 즐길 수 있어요. 창난젓은 쫑쫑 썰어 김밥을 말아도 좋고, 명란젓은 껍질을 벗기고 알만 발라 달걀찜에 얹어 찌면 더욱 고소해요.

Q6.

김밥을 말면 자꾸 속이 터지고 풀어져요. 김밥을 단단히 잘 말 수 있는 방법이 있나요?

김밥을 돌돌 만 뒤에 바로 썰지 말고 김의 끝부분이 도마에 닿도록 해서 2~3분 뒤에 썰면 풀어지지 않아요. 김밥을 매끄럽게 썰려면 칼을 불에 달구거나 칼날에 물을 약간 묻히세요.

Q7.

김치를 오래 저장해두고 맛있게 먹는 방법이 있나요?

오랜 기간 먹을 김치는 김치냉장고에 보관하세요. 또 김치를 꺼낼 때 위쪽 김치가 아니라 가운데 있는 것부터 꺼내어 먹어야 맛있어요. 김치를 꺼낸 뒤에는 공기와 접촉되는 것을 최대한 줄이기 위해 비닐이나 쿠킹포일로 잘 감싸줘야 해요. 김치 속에 산소가 들어가면 유산균이 더 이상 자라지 못하고 산막효모균이 자라서 김치가 시고 부패하거든요. 그러니 김치를 꺼낼 때 공기가 들어가지 않도록 주의하면 다 먹을 때까지 시원하고 톡 쏘는 김치를 즐길 수 있어요.

Q9.

냉장고 속 자투리 채소가 늘 골칫거리인데 남은 채소를 활용할 좋은 방법이 없을까요?

자투리 채소가 많을 때는 카레나 볶음밥을 만들어요. 채소가 시들고 싱싱하지 못할 때는 한데 넣고 끓여 채소국물을 만들어 각종 국이나 죽을 만들 때 사용하면 좋아요.

Q8.

꽃게나 전복은 손질이 까다로워 조리하기 쉽지 않아요. 손쉬운 손질법을 알려주세요.

꽃게 손질법

1. 꽃게는 솔로 문질러 닦아요.
2. 배를 갈라 입과 아가미를 가위로 잘라내요.
3. 다리의 끝 부분도 가위로 자르고요.
4. 게딱지의 눈 아랫부분 안쪽에 달린 물주머니를 손으로 떼어내요.
5. 흐르는 물에 씻은 뒤 가위로 알맞게 잘라 조리하면 돼요.

전복 손질법

1. 전복은 솔로 껍질과 테두리, 살 안쪽까지 문질러 닦아요.
2. 숟가락을 껍질과 전복살 사이에 끼워 넣고 돌려가며 분리해요.
3. 전복살 안쪽에 붙어 있는 내장을 잘라내요.
4. 입 부분에 칼집을 내고 이빨과 내장을 빼내요.

Q10.

구워 먹고 남은 고기는 늘 냉장고에 넣어두었다가 버리게 되더라고요. 남은 고기를 맛있게 먹을 수 있는 방법을 알려주세요.

남은 고기는 다져서 토마토소스를 만들어보세요. 파스타만 삶아 비비면 휴일 브런치 메뉴로 그만이에요. 또 고기와 채소, 밥을 볶다가 굴소스만 넣으면 훌륭한 볶음밥이 완성돼요.

Q11.

맛있는 쌈장 레시피를 알고 싶어요.

먹다 남은 견과류를 다져 넣어보세요. 두부의 물기를 짠 다음 으깨 넣으면 고소한 맛을 더할 수 있어요. 된장, 고추장, 견과류(또는 물기 짠 두부)의 비율은 2:1:1이 적당하답니다.

Q12.

달걀지단을 부치다 보면 너무 얇아서 끊어지거나 표면이 고르지 못해요. 예쁘게 부치는 요령이 있나요?

달걀지단을 부칠 때는 달걀물에 설탕을 조금 넣어야 해요. 이렇게 하면 지단이 더욱 단단해져 부칠 때 끊어지지 않는답니다. 또 달걀물을 체에 한 번 걸러야 팬에 부칠 때 표면이 고르고 돼요. 팬에 기름을 너무 많이 두르면 기포가 생겨 지단의 표면이 고르지 못하니 아주 약간만 기름을 넣고 키친타월로 가볍게 닦아내세요.

재료 하나,
처음 요리

1판 1쇄 발행 2014년 10월 31일
1판 3쇄 발행 2017년 7월 6일

지은이   김현숙

발행인   양원석
본부장   김순미
편집장   최두은
책임편집   차선화

디자인   전아름(PROJECT)
진행   김은진
사진   이보영, 황신영(ROC STUDIO)
교정·교열   심영미
그릇   김성훈 도자기 070-7573-7302(www.kimsunghun.com), 도자기 숲 070-4192-7952(www.dojagisoop.com)
     카루셀리 070-7568-6527(www.karuselli.co.kr), 트리트리 070-7516-4419(www.tritri.co.kr), 이목동 그릇 031-704-5414
     옥소 02-6002-3828, 앤더리빙(www.anntheliving.com)
해외저작권   황지현
제작   문태일
영업·마케팅   최창규, 김용환, 이영인, 정주호, 박민범, 이선미, 이규진, 김보영, 임도진

펴낸 곳   (주)알에이치코리아
주소   서울시 금천구 가산디지털 2로 53, 20층(한라시그마밸리)
편집문의   02-6443-8861
구입문의   02-6443-8838
홈페이지   www.rhk.co.kr
등록   2004년 1월 15일 제2-3726호

ISBN   978-89-255-5442-6   13590